U0315904

厨刀是怎样制备的

李 晶　李积回　编著

北 京

冶 金 工 业 出 版 社

2023

内 容 提 要

　　本书从厨刀的历史和分类出发，介绍了厨刀性能的要求和检测方法、失效形式、使用维护方式；详细分析了厨刀制备流程及各流程中钢材的质量控制方式，包括厨刀用钢的制备技术、厨刀用钢的热成型加工技术、厨刀用钢的冷加工技术、厨刀刀坯的热处理工艺等，阐述了辊锻形变热处理工艺和复合轧制工艺在厨刀制备中的应用；在厨刀的设计、制造与加工方面，介绍了厨刀的设计理念和刀坯的装柄、焊接、开刃等过程，提出了成品厨刀加工过程中常见的质量问题和解决方式；最后介绍了国内外厨刀知名品牌的历史和产品特点。

　　本书为行业科普著作，供对厨刀感兴趣的人士参考，可作为冶金工程专业和金属材料科学与工程专业高职高专、本科及研究生的参考书，也可作为刀剪及相关企业的培训教材，还可供从事钢铁冶金及材料开发的工程技术人员参考。

图书在版编目（CIP）数据

厨刀是怎样制备的／李晶，李积回编著 . —北京：冶金工业出版社，2023. 8

ISBN 978-7-5024-9656-2

Ⅰ. ①厨… Ⅱ. ①李… ②李… Ⅲ. ①刀剪—制备 Ⅳ. ①TS914. 212

中国国家版本馆 CIP 数据核字（2023）第 206112 号

厨刀是怎样制备的

出版发行	冶金工业出版社		电　话	（010）64027926
地　　址	北京市东城区嵩祝院北巷 39 号		邮　编	100009
网　　址	www. mip1953. com		电子信箱	service@ mip1953. com

责任编辑　刘小峰　曾　媛　美术编辑　燕展疆　版式设计　郑小利
责任校对　葛新霞　责任印制　窦　唯
北京捷迅佳彩印刷有限公司印刷
2023 年 8 月第 1 版，2023 年 8 月第 1 次印刷
710mm×1000mm　1/16；16 印张；313 千字；246 页
定价 160. 00 元

投稿电话　（010）64027932　投稿信箱　tougao@cnmip. com. cn
营销中心电话　（010）64044283
冶金工业出版社天猫旗舰店　yjgycbs. tmall. com
（本书如有印装质量问题，本社营销中心负责退换）

前　言

　　厨刀的产生与发展与人们的饮食文化密不可分。随着社会进步和各种材料的出现，厨刀的功能和种类更加细化，已不同于以往"一把厨刀走天下"的时代。那么功能日益分化的厨刀是如何制备的，如何合理选择一把适合自己使用的厨刀，成为人们日常生活中关心的问题。

　　工欲善其事必先利其器，正确使用不同功能的厨刀，可以更好地加工食材，让我们体验整个烹饪过程的乐趣，提高幸福美好生活的品质。高品质厨刀的硬度和锋利性能是衡量其使用性能的核心指标。刀具与食物之间硬度差越高，刀刃切割食物越顺畅。厨刀的锋利性能包括初始锋利度和锋利耐用度，分别表示厨刀出厂时切割食物快慢的能力以及厨刀保持高锋利度的能力。正确地使用及保养厨刀有助于延长厨刀的使用寿命，防止其生锈。厨刀使用性能和寿命的好坏与其材质的选择和生产过程中质量的监控密切相关。目前，市场上最常见的厨刀材料有碳钢、不锈钢、高端合金钢和陶瓷，其中马氏体不锈钢刀具是家庭厨刀的主流。本书从厨刀的历史和分类出发，介绍了厨刀性能的要求和检测方法、失效形式、使用维护方式；详细分析了厨刀制备流程及各流程中钢材的质量控制方式，包括厨刀用钢的制备技术、厨刀用钢的热成型加工技术、厨刀用钢的冷加工技术、厨刀刀坯的热处理工艺等，还阐述了辊锻形变热处理工艺和复合轧制工艺在厨刀制备中的应用；在厨刀的设计、制造与加工方面，介绍了厨刀的设计理念和刀坯的装柄、焊接、开刃等过程，提出了成品厨刀加工过程中常见的质量问题和解决方式；最后还介绍了国内外厨刀知名品牌的历史和产品特点。

本书可作为科普材料，供对厨刀感兴趣的人士参考，可作为冶金工程专业和金属材料科学与工程专业高职高专、本科及研究生的参考书，也可作为刀剪及相关企业的培训教材，还可供从事钢铁冶金及材料开发的工程技术人员参考。

在本书的编写过程中，得到了李首慧、孙畅、朱爽等多名博士与硕士研究生的帮助，在厨刀生产流程调研和书籍审查过程中，得到了阳江十八子集团有限公司李有维、李梦诗、李绍俊、曾纪明、黄远清、张帆、洪杏爽、蔡官庭、郑格等人的帮助，绿色低碳钢铁冶金全国重点实验室对本书的出版给予了支持，在此致以真诚的感谢。为使读者能更加全面、清晰地了解家用厨刀，查阅了大量的文献以及互联网信息，特别是各知名厨刀品牌的官方网站，在此作者对文献及信息的作者表示真诚的感谢和祝福！对于参考过程中可能出现的遗漏，敬请谅解。

由于目前国内外在不同厨刀种类、材质以及生产方式上各具特色，本书在取材和论述方面必然存在不足之处，敬请广大读者批评指正。

李　晶

2023 年 6 月

目　　录

1 概　论

◀1.1　厨刀的发展

美食文化是中国传统文化的重要组成部分，而刀具对于美食是必不可少的工具，《屠羊说》有语："夫厨刀，庖宰用以切割之利器。刀若不利，其割不正，则鲜不能出、味不能入、镬气不能足。故子曰：割不正，不食。"可见厨刀在食材处理中的重要性。

刀具经历了石器时代完全不成型的刀石、青铜时代的青铜刀、铁器时代的铁刀，直至21世纪各种钢刀（包括不锈钢刀）和陶瓷刀的变化，随着人类文明的进步，厨刀的分类和功能越来越细化，从作为武器用于防身、战争目的和单纯的烹饪工具，逐渐演变成兼具厨房使用和艺术价值的家庭用品；从一把厨刀打天下，发展到现在用的组合刀具套装。

1.1.1　厨刀的起源与演变

自旧石器时代起，人类就开始用大自然中的石角（带刃的石块）、贝壳、骨头进行捕杀和肢解动物。随着社会的发展，普通简单的石刀已不能满足生产需求，因此，人们开始对石刀进行研究，不断提高刀的性能，以满足生产需求，特别是捕猎、刃物的需要。

新石器时代，人类发现石头、动物角、骨、泥（陶）土等通过火烧、淬火、冷却等操作，能改变本身的形态，甚至性质，达到获得不同性能的目的，促进了刀具质量的提高；同时，工具的分类开始复杂化，开始根据不同用途制造出不同类型的刀具，形成了"工欲善其事，必先利其器"的思想。进入青铜时代，青铜作为原材料可根据需求自由变化刀的形状，并且为实现刀具的性能提供了重要保障，但与铁制刀具相比，各方面还相差甚远。

最早知道的铁是陨石中的铁，古代埃及人称之为神物，很久以前人们就曾用这种天然陨铁制作过刀刃和饰物。地球上天然铁很少见，当人们通过冶炼青铜，逐渐掌握了冶铁的技术后，就进入了铁器时代。冶铁技术的迅速发展，改变了铁的性能，使刀具的性能大幅度提高。

刀主要是追求坚韧、锋利的性能。从屠宰分割动物、植物到为生存发展而制造的狩猎、农耕的工具，建筑的木工工具等都追求锋利耐用，刀具越坚韧、锋利，生产能力就越高，生产力发展就越快。锻打技术是冶炼技术的重要部分，是制造刀、兵器、农耕工具的主要技术，至今还是有很多工匠恪守古法，用高碳材料进行锻打制刀。

为了提高刀（或其他冷兵器）的性能，包括坚韧和锋利性能，人们开始注重提高刀的强度，开发了各种高精度或高硬度的制刀材料和复合不同材料的制刀技术，同时，强调韧性和硬度的配合作用，设计不同刀的形状，进一步提高刀具性能，特别是在防腐蚀能力上，创造出了像越王剑这样的兵器。

为满足刀具不同用途要求，工匠们不断总结创新技术和设计刀型，使得刀具演变得更加符合人类所需。刀具的演变可分为以下三部分。

（1）形状的变化，特别是中式厨刀的形状变化。最开始的石刀因为材料限制，形状都是锥形的；进入青铜时代开始运用热处理技术，刀具的形状开始多样化，厨刀由圆锥形变成刀头尖且窄、刀身宽的形状，类似于现代的屠宰刀。中国的美食文化深远地影响着我国刀具形状变化。由于各地方菜系不同，对于刀的形状也有不同的要求，宋朝之后厨刀的形状就变成现在的长方形。西方刀具多用于肉的切割和鱼类的处理，所以厨刀的形状变化不大，虽然也分尖头刀（类似牛扒刀）和圆头刀（类似三德刀），但是刀身的宽窄变化不大且刀身都有刀尖，主要还是在功能上进行细分。

（2）功能的变化，刀具由单一功能的刀具细分为各种功能的刀具。功能上，原始社会人们都是一把石刀走天下，多用来处理蔬菜类。学会用火之后，开始用刀处理肉类和砍柴之类的生活所需，刀开始因功能分类。随着社会的进步和各种材料的出现，刀的功能更是丰富，屠宰、砍骨、切肉、剔骨、切鱼生、切瓜果蔬菜等都有专属功能的刀具。中国因地方菜系发展和食材繁多的原因，刀的功能有切、片、削、剁、刴、劈、剔、拍、刿、旋、刮、雕等类别，刀的厚度都有区别，除了特殊功能的砍骨、屠宰及雕刻等，形状基本固定为长方形。以粤菜为例，粤菜的主要食材是海鲜、家畜、瓜果蔬菜，在烹调上以炒、爆为主，烩、煎、烤等方式为辅，所以刀的功能偏向于把食材处理为片状或块状，且粤菜区的人喜爱煲汤，砍骨功能的刀具更是不可或缺，所以几乎人人家里厨房都有一把菜刀、一把砍骨刀或者一把斩切两用刀具。

欧美国家食材多是牛肉和鱼肉，主食是面包，用尖刀容易切开，所以更多地会使用有尖且刀型功能细分较多的刀具，不同于中式厨刀在什么情况下都可以使用。功能趋向于对食材的细分处理，不同的部位、不同的处理方法，使用不同的刀具，例如蔬菜是切块和切粒多，大多使用小巧且易切割的多用刀或者水果刀。所以欧美国家的家庭厨房内都是套刀，各个类型的刀具齐全。

（3）制刀材料的变化，由石头、青铜、铁发展到现代广泛应用的马氏体不锈钢，甚至高端的粉末钢等。

1.1.2 国内外厨刀的发展历程与现状

1.1.2.1 中国厨刀发展史

早在旧石器时代的原始社会，人们就开始将打磨过的锋利石头用于生活，其中就包括石刀。在我国周口店旧石器时期遗址中，发现了许多长方形、椭圆形、菱形及三角形的石刀[1]，如图 1-1 所示。

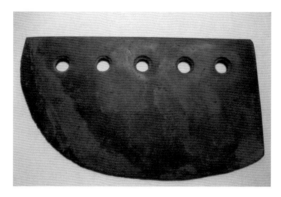

图 1-1　旧石器时代的石刀

石刀所用的石料以石英荷和砂岩为主，也有少量的隧荷和水晶，还有用饶骨和其他动物腿骨打制成的骨刀，刃部都很锐利。80 万年前，生活在陕西的蓝田人使用尖状石器切割动物身上的肉，切断植物的根茎。这种旧石器时代的工具比较粗糙，与后世的菜刀在形貌上差别较大，只能说具有类似的切割功能。

到了新石器时代，在龙山文化遗址中发现了专门用于厨房的青石菜刀[2]，如图 1-2 所示。这是一种 V 字形、近似于镰刀构型的石制菜刀，如果仅仅从外观

图 1-2　新石器时代的青石菜刀

来看，可能更像一种耕地的犁。与它一起出土的，还有七块同一时期的木质砧板，在菜刀和砧板之下，则是猪骨和肉块的残迹。这些证据表明这种造型的石头制品就是中华菜刀的真正始祖。

进入奴隶制社会之后，这类石质厨刀逐渐进化为青铜厨刀，但是青铜刀硬度低，砍不了骨头。先秦时期，中国冶铁技术逐渐兴起。掌握炼铁技术后，便发明了生铁与生铁制钢技术，我国工具制造步入了铁器时代。对于厨刀来说，铁器时代的到来方便了人类的生活，厨刀逐步开始专业化。最著名的文献记录，就是《庄子》中对厨刀的描述，即"庖丁解牛"，书中非常生动地描写了牛的不同部位使用不同切割方法，顺着纹理沿着骨骼切割，把肉取下来而不损坏刀具。

厨刀经过秦汉时期的发展，逐步从笼统的刀具分类中分离出来，成为专门按照厨房需求而制造的刀具，并且在汉代已经出现了稀少的钢制厨刀。汉代时厨房菜刀的形状相较于之前有了很大改变，形状更加尖细，更像是如今所用的水果刀。汉代流传至今的许多壁画上，都绘有汉代厨师在厨房忙碌的"庖厨图"，可以看到在案板切割食物的人，所用的都是这种又尖又细的菜刀，如图 1-3 所示。卷着袖子、扎着衣角的厨师们在案台上运刀如飞，肉块纷纷落在台下的大盆中。虽然刀具形状不一样，但是，切肉的速度丝毫不慢[3]。

图 1-3　汉代厨刀

由于厨刀功能的逐步分解，唐代出现了脍刀和菜刀的明确区别。顾名思义，脍刀就是切肉的，菜刀是切菜的，而且作为厨刀，已经彻底从传统的刀具这个行当里分离出来。

中国人对美食的追求，使得对于食材的处理都有种天然的好奇心，厨师不断地锻炼自己的技艺，刀具也同时适应发展变化的需求。青铜及铁器时代前期，食材中蔬菜较少肉类较多，杀猪刀等类型的屠宰刀和小型方便人出外行走的匕首小刀（类似于多用刀）在厨房中占据主流地位。

那个时候已经出现了专业的厨娘，而且地位还比较崇高，其中就有专门负责刀工切割的厨娘。宋代笔记小说《鹤林王露》里面就提到，北宋末年权臣蔡京家里就有专门负责切葱的厨娘。这些厨娘的活动，记录在宋代墓葬画像砖上，保留到了今天，让我们得以穿过千年岁月，直观地观察宋代厨娘如何用厨刀及所用厨刀的外形。比如河南洛阳偃师酒流沟宋墓出土的厨娘砖刻，就有厨娘在厨房几案上准备切割加工鱼类的形象，几案上清楚地刻着一把处理鱼肉的尖头厨刀[4]，如图1-4所示。

图1-4　河南偃师酒流沟宋墓厨娘砖刻

唐宋以后，由于与周边国家的贸易往来，进口了大量瓜果类蔬菜，且食材进一步丰富，出现了方形片刀。方形片刀类似于现在的中国菜刀，最早有证据的记载是在河南郑州下庄河宋墓中出土的壁画《庖厨图》中，有厨娘手持一把长条形状的厨刀切割肉类，这种长方形的平头厨刀有点类似于现代的西瓜刀，接近现代菜刀的形状。方片型刀具可用于切片、剁丝、拍作料等操作，更能满足人民生活所需。宋朝前后，中国的冶铁铸造技术已能够为这种长方形的铁菜刀提供铁质材料。西北地区的游牧民族，因为以狩猎为主，多数还是使用小巧轻便锋利的匕首小刀。

到元代，民间的戏曲及评话中开始出现了"菜刀"之名，并以"菜刀"之名统领了切菜、切肉两大功用。"脍刀"这个称呼逐渐消失了。到了明清时期，民间就普及使用接近于现代样式的菜刀。如今一些著名的菜刀品牌，部分就是在明末清初出现的。也正是在明清时期，官府和上层也开始接受并沿用起了百姓使用百年的"菜刀"这个名字，从此，"菜刀"一词频繁出现于官府文件和断案文书中。

宋朝后期特别是南宋至明清两代，经历各种战乱及政权更迭，人们颠沛流离，阻碍了科学技术的发展，即使在明朝统治下人民生活开始稳定，但中国的炼钢技术和钢产量与世界同期相比都呈现了下滑的趋势。产量少，没有好钢，严重阻碍了中国厨刀多元化的发展，中国菜刀的形状定型为长方形。

随着中国的改革开放，与世界各国交流的深入，人们生活方式发生了改变，促进了刀具多元化发展，中国家庭厨房不再是"一把菜刀走天下"，而是刀具种类更加丰富。

我国厨刀材料的资源得天独厚，国内不锈钢、合金钢的产量增长较快，已形成了浙江、江苏、上海、广东和山东等厨刀制造基地，厨刀年产值约 75 亿元，但硬质合金厨刀所占比例不足 25%，与国际市场厨刀产品结构相差甚远。另外，国内厨刀产品的性能和附加值普遍偏低[5]。

中国厨刀企业和先进跨国厨刀企业相比，从资金、技术、装备和管理水平等方面差距较大。我国厨刀企业在近年的改革发展中，也开始注意根据自身条件，充分发挥自然资源和人力资源优势，准确定位，选择合理发展模式。很多大中型企业，放弃了"大而全""小而全"的发展模式，开始呈现出各自的特色，但是特色产品和服务的比重还不够大，转型速度还不够快，没有完全摆脱传统体制的影响。

人力资源方面，几十年来我国厨刀工业培养了一支素质良好的职工队伍。许多外资企业从中国厨刀企业聘请了大批人员，经过培训很快适应现代厨刀的生产、营销和服务工作，表现十分出色，证明了这支队伍的能力。只是由于我国厨刀企业长期生产千篇一律的标准产品，没有发挥好这支队伍的开发潜力和服务潜能。另外，厨刀行业缺乏高水平的研发人员和专门的研究机构，也不利于中国厨刀产业的高质量发展。

当前我国厨刀工业的发展还不能满足市场需要，随着国内厨刀消费水平的提高和国内生产企业技术实力的增强，世界先进水平就是中国五金厨刀制造界努力的方向。

1.1.2.2　日本厨刀发展史

日本对于"刀"的称呼有三种，其界限非常清晰[6]。

（1）刀（读音 KATANA），专指武士刀或者专指太刀、打刀等一类的日本传统刀。

（2）ナイフ（读音 NAIFU，英文 knife 的日本音译），专指非武士刀非厨刀，可以是猎刀、折刀、直刀，也可以是各种战术刀具。

（3）庖丁（读音 HOCHO），指一切用在厨房的刀具。

日本厨刀制备技术多是口传，文字很少，导致日本厨刀的起源至今没有太明确的脉络，直到公元8世纪的奈良时代（710—794年）才有据可考。现存日本最古老的厨刀如图1-5所示。从外形看，最古老的厨刀和武士刀有必然的联系，因为最古老的武士刀同样出现在公元8世纪左右。

图1-5　现存最古老的日本厨刀

　　武士刀形状的厨刀在日本延续了近千年，跨越了奈良、平安、镰仓和室町时期。在德川建立江户幕府之后才逐渐消失在历史的舞台中。公元859年，清和天皇下令制定料理的仪式，内膳司的藤原山阴根据命令制定了"庖丁式"——料理的仪式，此为最初的日本料理形制。光孝天皇继位之后，命令藤原山阴重新制定庖丁式，藤原创立了"四条流庖丁道"。四条流庖丁道在相当长的一段时间内都是日本唯一的庖丁式。直到室町时期，侍奉足利家的四条流职人员大草公次创立了大草流。从此以后，日本厨艺两个最大流派——四条流庖丁道和大草流庖丁道正式确立，传承至今。

　　伴随着庖丁式而诞生的刀型，具体起源时间不详，现存最早的大约在室町时期。长度比起日本厨刀要短一些，刀刃的宽度更宽，外形和武士刀有了明显的区别。庖丁式之后出现的是宽幅厨刀，这种厨刀更类似中式厨刀。刀身的宽度大幅度增加，刀刃长度缩短。从宽幅庖丁的刀型来看，更偏重万能厨刀，而且日常使用中相对粗短的刀型更加方便。

　　宽幅庖丁之后，现代意义上的日本"和庖丁"才诞生。最初出现的是"出刃庖丁"，主要是针对鱼类所诞生的一种厨刀。出刃庖丁最早出现在堺市，由堺市的职人创立并且发扬光大。在德川幕府对外贸易中，刀具占据了很大比例，尤其是堺市匠人制作的刀具，品质极佳，甚至被德川幕府专门颁发"堺极"印章，刻在堺市生产的刀具上，远销全世界（主要是烟草刀）。

　　出刃庖丁之后，江户中后期针对蔬菜的薄刃庖丁出现，之后就是各种类型的庖丁都开始逐步走上历史舞台。柳刃、鳗裂等和庖丁也开始陆陆续续地出现，并且传承至今。当前在日本料理中看到的各种类型厨刀大概和200年前没有太大的区别。然而，"和庖丁"都有一个共性，基本上都是"单刃"或者说是"片刃"结构，这是日本厨刀独一无二的形制。

　　随着日本明治维新的开始，西方刀具也进入日本。当时的西方代表着文明，代表着先进，在明治维新氛围下的日本，全盘接收了西方的厨刀，主厨刀、筋引等这些厨刀第一次出现在日本人的生活之中。

明治维新第二个阶段即日俄海战后，由于第一次战胜西方，日本的民族自信重新树立起来，开始全盘推崇自有文化，并根据东方人的习惯，开始对西方的主厨刀进行了改进，诞生了目前世界上应用范围最为广泛的厨刀——牛刀。随后三德、小刀、筋引等刀型相继出现在市场上。

日本刀剪产业集中度较高。近代日本的主要刀剪金属餐具产业集聚地有新潟县燕市、三条市以及岐阜县关市[7]。以燕市为中心的产业集群是日本最重要的刀剪金属餐具集群，也是日本西洋餐具的主要产地，主要生产不锈钢及近年来发展起来的以钛、镁合金为原材料的五金杂货，特别是金属西洋餐具、金属餐桌置物、金属制厨房用品。邻近的三条市形成了一个以刀具为主要产品的产业集群。近年来，燕市在冲压加工、发色、抛光加工等接受委托加工领域与三条市有重合的部分。岐阜县关市是日本另一个以刀具类为中心的金属杂货产地，是日本知名品牌"贝印"牌的诞生地。日本庄三郎厨刀生产流程如图1-6所示[8]。

在材料和外观上，日本产品和西方国家产品几乎没有任何区别，但在细节上则有较大不同。西方国家刀具一般是不锈钢制品或铸造的刀具。日本铸造的刀具是以钢为材料，并在油中加热，因此刀刃坚硬而又有一定韧性。用于各种不同用途的刀具大约有17种。由于西方食品是以煮汤和炖为主，因此西方刀具比较注重切割效率而不是准确性，并且大部分西方刀具都是双刃的。与此相反，日本刀具主要包括传统的日本刀具（用于切生鱼和蔬菜）和砍刀（原材料是钢、不锈钢和合成钢）。另外，由于日本刀具强调精确性，通常是用硬度较大的原材料制成，并且是单刃的。

日本厨刀市场规模在100亿～700亿日元之间，其中70%是家庭用刀具，30%是商业用刀具。年轻一代的消费者对刀具产品缺乏兴趣，因此需求转向低价产品，高价产品销售不畅，过去数年，由于新材料的应用，刀具产品在抗锈蚀、锋利度和耐用性方面有所提高。

1.1.2.3 欧美厨刀发展史

在欧洲历史中，刀的文化内涵一直与时俱进。西方国家主要是从游牧民族发展而来，游牧民族以狩猎为主，生活中用刀多以削、划、锯等动作，要求刀具轻巧、灵活、便于携带。因此，西式厨刀一般体积较小、重量较轻，功能细分多，我国的蒙古族、维吾尔族等用刀也有些类似。

刀具最初主要用于狩猎、切割食物和防御，罗马时代刀具是财富和地位的一种象征，中世纪时普通家庭用刀的频率并不高。18世纪之后，随着工业化和饮食文化的发展，刀具逐渐成为日常家用物品和厨具、餐具的重要组成部分。到20世纪70年代，刀具在实用性之外，也发展出了艺术和奢侈品的属性，人们愿意为高质量的家庭和厨房用刀付更多的钱[9]。

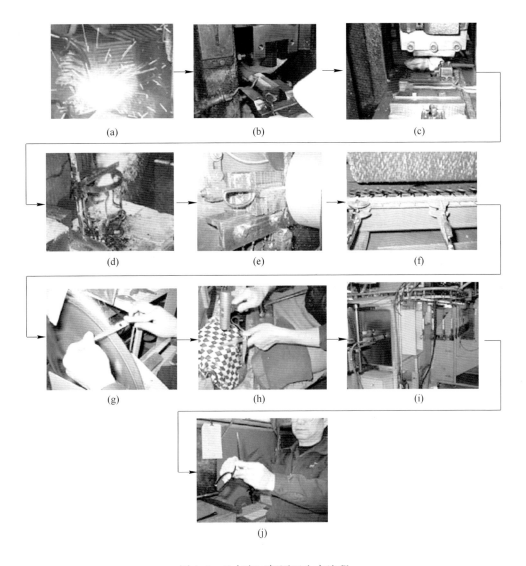

图 1-6　日本庄三郎厨刀生产流程

（a）料焊接（Welding）；（b）涂模锻（Die Forging）；（c）去毛刺（Bun Removal）；（d）热处理（Hardening）；
（e）研磨（Grinding）；（f）抛光（Polishing）；（g）开刃（Sharpening）；（h）调整（Adjusting）；
（i）喷涂（Coating）：远红外自动喷涂；（j）检验（Inspecting）

　　西方的厨刀受刀剑形式影响很深，现在的厨刀形式跟日本一样依旧还留有古代刀剑的影子。以现今生产厨用刀具最为出名的德国为例，索林根位于北莱茵-威斯特法伦州，当地土地瘠薄，农业不发达，人们利用当地的稀有金属矿产资源发展起了铸剑业。到 14 世纪，这里的铸剑业已具备相当规模，在溪流沿线开设了上百家磨坊，利用水力带动磨石对刀剑进行打磨。19 世纪后，刀剑需求减少，刀叉餐具等就作为主要产品销往各地。

自中世纪至今，索林根一直以高品质刀具而闻名，是德国乃至欧洲刀具行业的中心。德国多家具有国际知名度的老牌刀具企业均诞生于此，例如，比较熟悉的"双立人"，由当地刀匠彼得·亨克尔斯在 18 世纪注册，是世界上古老的商标之一；同样创立于索林根的"三叉牌"，则是非手工刀具领域受专业厨师好评的德国品牌之一。1938 年以来，"索林根原产地名称"一直受到法律保护，索林根市的官方路牌被正式冠以"刀具之城"的别称。

索林根市建有德国刀具博物馆，收藏和陈列有冷兵器、餐具、剪刀、剃刀等各式各样的带刃工具，藏品数量约有 3 万件，展示了从青铜时代至今的世界刀具发展史，以及索林根当地的刀具制造传统和著名品牌的故事。游客还可以参加博物馆举办的剑道、金属铸造、现代锻造等互动活动和课程[10]。

最好的刀具应该还是由大马士革钢制成的刀具，如图 1-7 所示。大马士革所在的近东地区及附近的小亚细亚地区是炼制钢铁技术的发源地，在公元前 1300 年这里就有了最原始的炼铁技术。大马士革历来就以制造钢铁兵器著名，"大马士革"的名字含义即为手工作坊，而在古代中国称大马士革为"钣城"，金字部首也暗示了这座城以钢铁出名。大马士革钢是这座城市的特产，公元 3 世纪到 17 世纪，这种钢制作的兵器出口到欧洲、波斯、印度甚至中国。有史料记载，古罗马人在公元 3 世纪的时候就因接触到了这种优质钢材而留下了深刻印象，也有历史学家声称中国古代的"镔铁"即是指出口到中国的大马士革钢，但是也有学者根据明代的典籍指出镔铁是一种由腐蚀剂产生花纹的钢材并非大马士革钢。在伊朗（即古波斯地区），公元 6 世纪开始出现大马士革钢。而俄罗斯在公元 10 世纪的基辅罗斯时代开始接触大马士革钢，古罗斯人称之为"红铁"。大马士革钢大量从波斯进口到俄国是在公元 15 世纪莫斯科公国时代。但是在 1750 年左右，这种神秘的钢铁锻造工艺却忽然消失了，消失原因和锻造方法同样是一个谜。关于大马士革钢的失传有很多推测，每种推测都缺乏足够有力的证据。有人推测由

图 1-7 大马士革刀

于印度乌兹钢矿的枯竭和运输原料的贸易道路过于漫长；也有人推测是由于添加的关键元素的缺乏；还有说法是大马士革钢的锻造工艺产生残次品的概率过高。这些推测都不能很好地解释为何这项已流传一千多年的技术会在短短几十年之间忽然消失。总之，这种神秘的钢铁就此失传了，没有留下片纸只字的记载，人们只能从古代兵器斑斓的花纹中一窥大马士革钢当年的风姿。

西方的厨刀形式都是刀长且尖，开始时手柄多为圆柱形，方便切割肉类、面包等食物。后来欧洲各国向外扩张侵略，刀的形状虽然没有多大变化，但是因为食材渐渐增多，所以出现了新的功能型刀具，例如擅于切粒的多用刀和擅于削皮的水果刀，刀柄也由圆柱变为更好握的方圆或扁方。现在常见的西式厨刀主要包括主厨刀、片肉刀、剔骨刀、多功能小刀、削皮刀以及面包刀（图1-8）。

图1-8 西式面包刀

美国是世界上最大的厨刀出口国之一，因其先进的锻造工艺和发达的流水线作业，使得厨刀产品质优价廉，占据了较大的国际市场份额。耐飞利是美国刀具第一品牌，畅销17年，全美销售1200万组，曾被评为美国年度最畅销厨房用品，几乎每个美国家庭都在使用。

美国市场注重的是多功能化、轻巧易用性，对于厨刀的分类十分细致，常用厨刀就有黄油刀、水果刀、切肉刀、切鱼刀、凉菜刀、面包刀；还有各种擦丝擦片的专用工具以及可以切出各种形状的图案刀等。

1.1.3 厨刀的未来发展趋势

国内外厨刀发展其实就是生产力发展的佐证，也是饮食文化的发展史。从石器时代发展到青铜时代直到现今，每个国家都在不遗余力地创造属于自己独特的厨刀文明。

我国刀剪工业主要分布在三个集群之中，即广东阳江刀剪企业集群、浙江永康五金企业集群和重庆大足五金企业集群，具体介绍如下。

（1）广东阳江。阳江刀剪，历史悠久。1400多年前（公元557年），民族英雄冼夫人屯兵两阳，在阳江制造兵器，制刀工艺传至民间，开启了阳江制刀业的历史。清初阳江刀以打铁铺形式生产，形成了大规模的制刀作坊。20世纪20年代，阳江老刀匠以其祖辈相传的传世绝活制作的"何全利"菜刀享有盛名；20世纪30年代后期，阳江平冈良朝刀匠梁季芙研制出"季芙小刀"，闻名海内外。新中国成立后，党和政府十分重视阳江小刀业的发展。1955年，分散的个体小刀生产者组织起来，成立了四个生产合作社。1958年，这四个生产合作社合并组成阳江县地方国营小刀厂，引进先进设备和技术，从手工操作逐步过渡到机械化和自动化，产品质量不断提高，是国内同行业中产值、产量、品种、创汇最多的刀具企业之一，被列为国家机电产品出口基地。

阳江五金刀剪业在2001年前后发生了第三次跳跃，表现为工厂数量明显增加，企业规模普遍扩大，全行业的生产能力普遍增强。推动这一次跳跃的主要力量是国家放开了民营企业进出口经营权，2005年以后，阳江拥有此权利的民营企业数量居广东省前列。目前，民营刀剪企业已成为阳江刀剪制造业的主流，阳江市五金刀剪产业依托其灵活的市场应变机制、较完善的产业配套快速聚集，发展成最具优势的特色产业。

中国刀剪行业品牌声名显赫的有北京的"王麻子"、杭州的"张小泉"，但产业集聚基地则在阳江。阳江市刀剪行业经过近年来的发展，产量和出口量都占全国首位，不仅成为中国最大的刀剪产业集聚基地，而且在新技术、新工艺、新材料、新产品的研发和产品质量等方面都有了长足的进展。

中国五金制品协会结合中国刀剪行业的实际情况评选出"中国刀剪十大知名品牌"，阳江就有两家，即广东阳江十八子集团的"十八子"牌不锈钢菜刀、广东永光刀剪集团有限公司的"永光"牌刀剪。近年来，我国刀剪的产量、品种、数量均居世界第一，已成为全球重要生产基地。作为中国不锈钢刀剪中心，阳江刀剪已成为阳江市的支柱产业，是中国刀剪行业的龙头。

（2）浙江永康。永康是全国闻名的"五金之都"。永康五金工艺历史悠久、底蕴深厚。历史上，"五金工匠走四方，府府县县不离康"就是对永康五金手工业的生动写照。五金产品中，刀剪产品占有一定的份额。锉刀、剪刀集中在古山，刨刀、菜刀集中在方岩。商品辐射国内及俄罗斯、美国、加拿大、巴西、澳大利亚、日本等50多个国家和地区。改革开放以来，永康五金产业发展迅速，孕育诞生了国家级的五金市场，由市场集聚规模化产业集群，已成功走出了一条五金产业为特色、个私经济为主体的经济发展之路。2012年，永康市委、市政府通过了《关于坚持实施工业强市战略加快新型工业化步伐的决定》，提出着力做强、做大"三大支柱产业"，大力培育"四大新型产业"，形成以传统优势产业、战略性新兴产业、生产性服务业互动发展的新格局，从工业大市迈向工业强市，从制造大市迈向"智造强市"。近年来，为解决该地区五金产品制造低端、低价竞争、层次技术低、附加值低等问题，永康开始对传统的发展模式进行深刻反思，并探索转型升级，提出要从小五金向大五金、传统五金向现代五金转变，从家族企业向现代企业转变，从浪潮经济向总部经济、质量经济、品牌经济转变。

（3）重庆大足。大足刀剪锻打历史可溯至晚唐，发展于清代，兴盛于改革开放，距今已有1250余年历史，从战争兵器、石刻匠具、日用铁器、小五金直到现代工业文明，一直传承不衰，演绎了人类锻打五金历史的灿烂篇章。2003年7月，为加快五金产业发展，重庆市政府批准设立市级特色工业园区—大足工业园区，一批大足五金品牌奋然崛起。"金忠""神针""翔锋""为民""邓家刀"被认定为重庆市著名商标，"鑫荣达不锈钢刀具""抗菌菜刀"等5个产品被评为重庆市知名产品，中国锻打刀剪中心落户大足龙水五金刀具集团公司。船锚、电动刨刀、锻打菜刀等3个五金产品产量居全国第一位，组建五金物流集团和五金刀具集团，建成西部最大的五金科技博物馆和五金产品质量监督检验中心，制定发布了《菜刀》《钢锹》《民用剪刀》等5个市级地方行业标准。2020年重庆大足区发布《大足五金高质量发展行动计划（2020—2025年)》，为今后一段时间全区五金产业的发展"定航"[11]。提出加大对五金刀剪产品的监督抽查和执法打假力度，开展厨用刀具质量对比研究。以刀剪特色优势产品为突破口，改善加工处理工艺及设备，提升行业技术水平，增强城市居民日常使用、礼品收藏的高档次、高品质的生活刀剪用品和旅游收藏品等产品开发创新能力，扩大国内外中高端刀具市场份额。

日本燕市的刀剪金属制品生产已有400多年的历史，经历了从出口到内销的转型，即是从单一产品（以不锈钢为原材料的西洋餐具）生产的"产地型"产业集群向金属及金属相关制品的加工产业集群的升级和转型。

第二次世界大战之后，燕市的刀剪金属制品企业开始大量生产以不锈钢为原材料的西洋餐具（刀叉类），对美国出口也大幅扩张，导致了燕市集群生产规模扩大。20世纪50年代在对美出口受到限制的情况下，日本开始以国内高消费群体、酒店、宴会等为主要目标客户。高消费需求的国内客户促使制造厂商不断进行技术升级和产品革新，形成更为细致的市场划分。随着日本经济的起步，日本刀剪金属餐具需求不断增大，不锈钢厨具的生产规模也不断扩大，内销型企业获得了成功。而同时，由于1971年的美元危机、1973年的石油危机以及1985年由于广场协议，日元从1971年的1美元兑换360日元大幅升值到1990年以后的1美元兑换100日元左右。日元升值致使日本对美出口的困难程度加剧，1970年日本从美国的刀叉、汤勺等金属餐具类市场进口70%左右，到2006年中国的此类产品占美国市场的80%，日本企业在美国市场与韩国以及包括港台在内的中国企业竞争中退败，不得不继续转向日本国内，并探索产品的多样性。

20世纪90年代，随着中国产品涌入日本市场，日本西洋餐具、厨具的产地型产业集群规模显著缩小。2005年燕市金属产品制造企业数量比1990年下降40%左右，从业人数和年销售额也下降了将近一半。过去燕市拥有很多有名的金属抛光的专业小规模工厂，但在五年间减少了将近一半，燕市的企业不得不摸索新的发展方向。在传统产业瓦解之后，燕市又作为金属加工、金属相关产品产业集群获得新生，并将中国作为一个重要的出口方向。

国内外五金（刀剪）产业都在积极推动"从小五金向大五金、传统五金向现代五金"的转变，但在转型升级具体路径的选择上存在差异：日本燕市在面临宏观经济因素变动时（如日元汇率升值），注重发挥市场需求的牵引作用，实现了从出口到内销、从单一产品（以不锈钢为原材料的西洋餐具）生产的"产地型"产业集群向金属及金属相关制品的加工产业集群的升级和转型。重庆大足、浙江永康都在政府引导下，一方面通过向上下游延伸产业链条、拓宽五金产品门类的方式，形成与工业现代化相适应的五金产业结构；另一方面以引进和培育大企业集团、上市公司为抓手，推动五金刀剪企业从家族式管理向现代企业制度转变，从满天星斗向众星捧月演变。

中国消费市场整体增长前景广阔，同时结构性变化也成为各消费产业发展的重要特征，其中，消费升级伴随着中国经济水平的增长和人们消费观念的变化，成为驱动行业变革的核心因素之一。对于刀剪产业而言，尤其是厨房刀剪和家用刀剪产品，消费升级同样带来了消费者产品诉求的多元化、品质及服务需求的提升以及消费渠道的变迁。

首先，随着消费模式的不断升级，在中国历史悠久、博大精深的饮食文化背景下，消费者对刀剪的需求也从每家每户一把菜刀、一把剪刀逐步向需求多元化方向发展，消费者开始根据刀剪的功用不同采购不同的刀剪，市场不断细分，市场空间大幅提升。例如，刀剪按照用途不同，可以分为厨房刀剪、服装刀剪、美发刀剪和家用刀剪等。而厨房刀剪又可分为中式厨刀、西式厨刀和日式厨刀等，随着消费者开始更加注重个性化需求的表达，对刀剪的外观、材质等需求多元化程度不断提升。刀剪行业的多元化趋势一方面极大地促进了行业创新；另一方面也使得市场变化的节奏不断加快，对企业的创新能力及市场应对能力提出了更高要求。

第二，对采购厨房刀剪的消费者而言，更安全的产品质量、更优质的产品材质和更高效贴心的服务已经成为消费决策的重要考量因素。消费者对知名刀剪品牌的认可度和忠诚度也不断提升，尤其是在"互联网+"的大趋势下，网络购物与消费者的评价相对公开透明，成为其他消费者的重要决策依据之一。

第三，消费升级诉求同样体现在渠道端，由传统商超、专卖店以及电商等构成的零售渠道格局也在不断发生变化。线上消费由于突破了产品品类及地域的限制和便捷高效的配送体验，以及扁平化渠道结构带来的更具竞争力的价格优势，迎合了新一代消费人群的诉求。此外，通过"大数据"分析，消费者的偏好可以被精准分类，企业可以利用互联网大数据收集用户需求信息，从而根据消费者的偏好调整产品设计和生产。线上线下相融合等销售模式在满足便捷购买需求的同时，也进一步优化了消费体验，成为消费升级时代刀剪行业企业的典型销售模式之一。

厨刀的未来发展趋势如下：

（1）生产高度现代化。由于对厨刀的硬度和锋利度等的要求不断提高，因此，生产过程专用设备的开发尤其重要，同时，必须通过在线监测与控制，以确保最终产品的高质量和高稳定性。

（2）技术创新力度加快。由于厨刀的特殊性和品种的多样性，仅仅对传统工艺与装备的改良是远远不够的。随着现代加工技术发展的日新月异，应尽快吸收并采用前沿新技术。

（3）不断加强对知识产权的保护。国外高级厨刀生产厂的核心部位几乎全部采用封闭式操作，外人不得接近。在洽谈技术贸易项目中，核心技术绝对不对外转让。

（4）技术的自主创新必须寻求新的发展空间。现代工业进入21世纪，随着技术创新速度的加快，有部分产品的技术指标已达到其极限。规模化、低成本、高精度、多品种及功能化仍然是厨刀的发展趋势。

2022年全球高碳不锈钢商用厨刀市场规模大约为23亿元（人民币），预计2029年将达到36亿元，2023—2029年期间年复合增长率为6.6%，高碳不锈钢商用厨房刀全球前五名的企业市场占有率约32%，包括双立人（Zwilling JA Henckels）、贝印（Kai Corporation）、三叉（WÜsthof Dreizack）、吉田金属（Yoshida Metal）、维氏（Victorinox）。欧洲是高碳不锈钢商用厨刀的最大市场，市场占有率约为36%。在材料方面，冲压厨刀的市场份额超过70%，锻造厨刀的市场份额为30%。从销售渠道来看，线下销售占比最大，接近72%。

近年来，厨刀产业年均增长速度为20%。预计今后5年乃至10年，随着我国经济的飞速发展，尤其是厨房用品、饮食等行业的快速发展，为厨刀的生产和开发提供了巨大的市场空间和机遇，也将相应拉动我国厨刀市场需求快速增长。

1.2　厨刀的分类、生产与使用

1.2.1　厨刀的分类

1.2.1.1　按厨刀使用地域分类

按厨刀使用地域分类，世界上主要有三大厨刀系，即中式厨刀、西式厨刀和日式厨刀[12]。

（1）中式厨刀。中式厨刀一般分为切片刀、斩骨刀及前切后斩的斩切刀三种。切片刀用于料理无骨肉与蔬果；斩骨刀专门对付带骨或特硬之物。家用刀一般以圆头前切后斩的斩切刀为宜，其优点是头圆体轻，使用方便，适用范围广，一般的使用都能够应付。

（2）西式厨刀。西式厨刀式样繁多，分类特别细。常用西式厨刀分类如图1-9所示。

面包刀

剔骨刀

主厨刀

切片刀

削皮刀

糕点刀

三文鱼刀

起司刀

多汁刀

西班牙火腿刀

牛排刀

图1-9 常用西式厨刀分类

面包刀（Brotmesser, Bread Knife）：刀身长，刀锋是锯齿状的，用于切面包或其他外硬内软的食物，不能用来切肉或鱼，没法切出平整的片。

剔骨刀（Ausbeinmesser, Bonning Knife）：刀身非常窄，用于分离骨头和肉，西方人很少吃带骨头的肉，除了蹄髈外。

主厨刀/厨师刀（Chef's Knife, Kochmesser）：是一种综合用途的刀，刀身较宽，刀刃的部分为弧形，能够用于切肉、鱼和蔬菜。中式菜刀是靠刀子的重量，从上到下地切。西式刀比较轻，切法是刀尖几乎不离开案板，只是抬起刀子的后半部分，像是铡刀的用法，或者是划拉。

小切刀（Spickmesser, Parer）：小刀，有尖锐的刀尖，可用来切蔬菜和清洁蔬菜。

削皮刀（Tourniermesser, Peeler）：小刀，刀刃内弯，方便地为圆形的蔬菜水果去皮。

三德刀（Santoku Knife, Santokumesser）：意为切割肉食、蔬菜、瓜果的全能刀。三德刀是西式主厨刀针对东方用户的改良版，尺寸比一般主厨刀要小，刀尖部分比较圆，既可切割肉食，也可切割蔬菜瓜果。不过从实际使用效果来说，三德刀切瓜果蔬菜的效果比较好，切肉类一般。

切肉刀/多用刀（Fleischmesser, Utility Knife）：有长而尖锐的刀身，用于削、切、跺和雕。

砍刀（Hackmesser）：类似于中国菜刀，但刀身更厚重，用于切骨头、冻肉。

西红柿刀（Tomatenmesser, Tomato Knife）：刀刃呈波浪状，能流畅地切开西红柿的皮，切出西红柿薄片，又不使汁液因挤压而过多流失；刀尖分叉，能将西红柿片挑起。

牛排刀（Steakmesser, Steak Knife）：刀身窄，刀背直，刀刃呈弧形，能流畅地划开肉。

蔬菜刀（Gemüsemesser, Vegetable Knife）：小而轻，直刀锋，用来削皮、切、剁蔬菜。

（3）日式厨刀。每一种日式厨刀都有其独特的用途，算上日本历史上曾经流行的不同厨刀种类，细分下来得有一百多种不同的厨刀。日式厨刀之所以种类繁多与日本的文化背景有很大关系。日系传统厨刀包括最基本的三把——薄刃（切菜，切蔬菜用，又分关西、关东不同刀型）、出刃（宰鱼刀）、柳刃（刺身刀），后来又有借鉴西式主厨刀的牛刀（Gyuto），经典的三德刀对食材的适应性强，可以切片、切丁、剁碎，用途非常广。

1.2.1.2　按厨刀的材质分类

按厨刀的材质分类，现在市场上最常见的厨刀材料一般有碳钢、不锈钢、高端合金钢和陶瓷。

（1）碳钢材料厨刀。大多数厨刀是用碳钢材料制作的。碳钢材料比较坚硬，普通的碳钢板容易制作出硬度高的刀片，厨刀锋利性能好，而且由于显微组织不同，碳钢板刀片与不锈钢刀片相比，切削力好，更容易磨削。家庭用的碳钢刀价格比较便宜，几十元就可以买一把，属于物美价廉的刀具。碳钢刀也有不足之处，在切削某些材料时材料会起反应，产生氧化变色；碳钢刀片易生锈，使用后必须擦干，不使用时用油擦净。

（2）不锈钢厨刀。不锈钢刀具是家庭厨刀的主流。通常在不锈钢厨刀上会标有使用的钢材牌号，例如3Cr13，即0.3%的碳和13%的铬，Cr前的数字表示钢中的碳含量，碳含量越高刀片越硬，价格就越高。因为不锈钢刀含有铬等其他合金金属，所以不锈钢刀不易生锈，美观且容易存放。不足之处是防锈性较好的厨刀硬度多较低。

（3）高端合金钢厨刀。高端合金钢是一种高碳低铬的钢材，既不容易生锈，又不容易变形，可长期保存。高端合金钢如日本日立钢铁厂出的 ZDP-189、美国的 V3 等，高端折刀中如日本厨刀使用的极品钢，硬度可以达到 HRC 67。不足之处是这种刀价格高，不适宜于一般家庭使用。

（4）陶瓷厨刀。陶瓷刀多采用纳米材料"氧化锆"作为加工原料。陶瓷刀的特点是硬度极高、外观轻巧、耐高温、耐腐蚀、持久锋利、性能稳定，不会与原料发生反应而破坏某些食物的天然风味，且陶瓷刀永不生锈。此外，切洋葱等刺激性食物时，眼睛也不会辣。但是陶瓷刀非常脆，易碎，要轻拿轻放，不能掉地，不能用来切、砸、撬、剔硬物。

国外几种知名刀剪用钢的化学成分见表 1-1，国内外厨刀常用不锈钢牌号与成分见表 1-2。

表 1-1　国外几种知名刀剪用钢的化学成分

产品名称	材料的化学成分/%					同类型的国产钢号
	C	Cr	Mn	Mo	V	
双立人柏林系列 200 大片刀	0.37	13.7	0.75			3Cr13/4Cr13
双立人柏林系列小片刀	0.45	14.1		0.43	0.11	5Cr15Mo
法国牛排刀	0.47	14.6	0.63	0.52	0.9	5Cr15MoV
美国轻便剪	0.38	12.7	0.51			
日本裁剪（刃口钢）	0.98		0.43			

表 1-2　国内外厨刀常用不锈钢牌号与成分

	钢　号	材料化学成分/%						
		C	Si	Mn	Cr	Ni	Mo	V
国内	4Cr13	0.39	0.41	0.47	13.7	0.147	0.08	0.06
	5Cr15MoV	0.45	0.17	0.45	14.9	0.139	0.53	0.14
	7Cr17Mo	0.63	0.43	0.43	16.9	0.133	0.52	0.05
	8Cr13MoV	0.79	0.40	0.56	14.2	0.132	0.15	0.15
国外	AUS8	0.75	1.00	0.50	14.0	0.49	0.10	0.20
	X50CrMoV15	0.50	≤1.00	≤1.00	14.50	—	0.65	0.15
	SUS440A	0.60	≤1.00	≤1.00	17.50	—	≤0.75	—
	SUS440B	0.80	≤1.00	≤1.00	17.50	—	≤0.75	—
	SUS440C	1.00	≤1.00	≤1.00	17.50		0.50	—

当前，国外的厨刀材料在化学成分，特别是碳含量的确定方面各不相同。德国、瑞士等欧美国家采用的制刀用料的碳含量逐步升高，德国双立人公司使用的材料碳含量为 0.5%～0.6%。日本生产优质刀具和剪刀的材料是日本爱知制钢生产的 AUS8（相当于 8Cr13MoV），碳含量在 0.8% 左右。国外工业发达的国家，多采用特殊方法制造不锈钢和复合不锈钢材料的厨刀。中档刀具在欧洲，主要是德国、法国、瑞士等国使用多，碳含量在 0.4%～0.9%，铬含量在 14%～18% 左右，并在钢中添加一些特殊元素（Mo、V、W）。采用适当提高碳含量，适量增加铬含量，再加入钼、钒等元素，控制碳铬原子分布状态的原则，可以提高钢淬回火后的硬度，一般硬度可达到 HRC 54～58。日本刀具用钢是按日本标准 JIS 生产的，分为 SUS440A、SUS440B、SUS440C 三种。SUS440A 化学成分与广东、浙江使用的 7Cr17Mo 相同；440B 就是碳含量为 0.75%～0.85%，钼含量最高 0.75%，铬含量 16%～18.5%。SUS440C 硬度比 SUS440A 提高 HRC 2～3，成本比 SUS440A 高 10% 以上，这种不锈钢加工困难，并且成材率低，我国钢厂成材率仅为 40%～50%。

世界刀具材料发展的大趋势是钢质纯净化、板材复合化、全面抗菌化[13]。我国刀剪材料主要经历了 3 个发展历程[14]：

（1）20 世纪 90 年代前，以 65Mn、45 号钢等碳钢为代表的第一代碳素钢刀剪材料占据着统治地位；

（2）20 世纪 90 年代后，以 2Cr13、3Cr13 为代表的铬不锈钢成为第二代刀剪材料；

（3）2000 年以后，以 1Cr13+T10、8Cr13+1Cr13 为代表的复合材料成为第三代刀剪材料。

1.2.2　现代厨刀生产流程

马氏体不锈钢刀具的生产流程如图 1-10 所示。

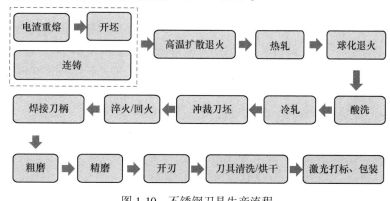

图 1-10　不锈钢刀具生产流程

图 1-10 介绍了不锈钢厨刀从电渣重熔或连铸得到钢锭或铸坯至最后制得成品刀具的过程。对于碳含量大于 0.6% 的马氏体不锈钢生产，通过电渣重熔工艺得到钢锭，将缓冷后的钢锭加热开坯，随后进行热加工与冷加工、热处理工序进一步提升厨刀性能，紧接着进行镶柄、磨刀与开刃工序，最后将清洗烘干后的刀具进行激光打标、包装，得到成品刀具。对于碳含量小于 0.6% 以下的马氏体不锈钢，可以通过连铸坯形式生产。不同工序下钢材组织特点介绍如下。

电渣重熔：高端厨刀用钢一般采用电渣重熔工艺，一次完成钢的精炼浇铸，获得纯净度高、组织致密、成分均匀、表面光洁的金属锭。

连铸：连铸是指钢水不断地通过水冷结晶器，凝成硬壳后从结晶器下方出口连续拉出，经喷水冷却，全部凝固后切成坯料的铸造工艺过程。

连铸与电渣重熔的目的是得到质量合格的铸坯或铸锭，区别在于凝固条件不同，成品组织中合金元素的偏析程度不同，铸锭或铸坯的凝固组织均由马氏体、残余奥氏体和一次碳化物组成，如图 1-11 所示。

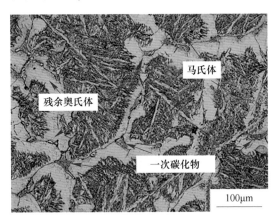

图 1-11　铸坯或铸锭凝固组织

马氏体不锈钢中的主要合金元素为碳和铬，其中铬含量通常在 13% 以上，而碳含量越高，马氏体不锈钢硬度越高，这与钢中的碳化物有关。碳化物是高品质厨刀用马氏体不锈钢中的重要合金相。碳化物分为一次碳化物和二次碳化物。碳化物按照析出的母相分为一次碳化物和二次碳化物。一次碳化物指在钢液凝固过程中直接从液相中析出的碳化物，一次碳化物尺寸大，会对钢性能产生不利影响。二次碳化物是钢液完全凝固后由奥氏体或者马氏体中析出的碳化物，数量多、尺寸小、分布均匀，无明显的聚集。碳化物如图 1-12 所示。大量弥散细小的二次碳化物颗粒对基体起沉淀强化作用。

开坯：电渣锭往往不能直接轧制成所需的尺寸，故需要先轧制成钢坯（即开坯），再轧制成成品，马氏体不锈钢开坯后微观组织同样由马氏体、奥氏体和

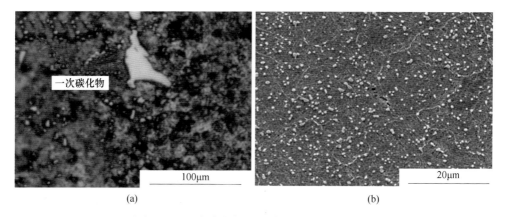

图 1-12 一次碳化物（a）与二次碳化物（b）

一次碳化物组成，区别在于开坯后一次碳化物被破碎并沿着轧制方向排列，如图 1-13 所示。

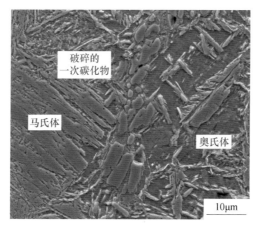

图 1-13 电渣锭开坯后的微观组织

高温扩散退火：高温扩散退火是厨刀生产过程中极其关键的一道工序，它不仅要把钢锭均匀加热到规定的温度，为轧制提供良好的组织和塑性条件，而且还要在加热过程中进行扩散退火，达到减少甚至消除液析碳化物、改善带状碳化物和网状碳化物不均匀性的目的。马氏体不锈钢经高温扩散退火处理后，可使铸坯或电渣锭钢坯中的一次碳化物大量溶解。

热轧：热轧以初轧板坯或连铸坯为原料，经加热炉高温扩散退火处理后，通过粗轧机和精轧机轧制，由卷取机制成得到钢带卷。热轧板卷强度高、韧性好、易于加工成型、可焊接性良好。热轧板卷的组织均匀性较电渣锭或连铸坯有明显的改善，同时热轧冷却过程中大量小尺寸二次碳化物将沿着晶界位置析出，如图 1-14 所示。

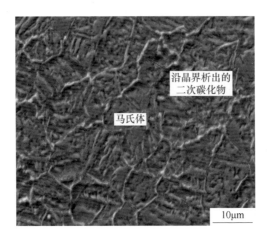

图 1-14　厨刀用钢热轧板卷的微观组织

退火：退火指的是将热轧板卷缓慢加热到一定温度，保持足够时间，然后以适宜速度冷却。厨刀生产常用的退火工艺是球化退火工艺，目的是降低硬度，改善加工性能，减少冷轧变形与裂纹倾向。热轧板卷经球化退火处理后微观组织为粒状珠光体组织，即铁素体基体中分布着大量粒状碳化物，如图 1-15 所示。

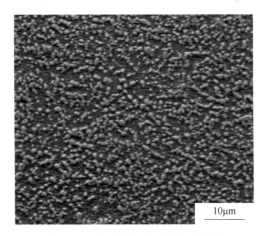

图 1-15　厨刀用钢的球化退火组织

酸洗：热轧带钢表面会生成氧化铁皮，能够很牢固地覆盖在带钢表面，掩盖带钢表面的缺陷。冷轧前，为了除去表面的氧化铁皮，用酸洗钢卷，使带钢具有洁净并有活性的表面，保证冷轧产品的表面质量。

冷轧：冷轧是在常温状态下将热轧板加工成所需的尺寸。

冲裁刀坯：将冷轧后的钢卷按照产品尺寸进行冲压与裁剪，得到合适尺寸的刀模。

淬火：淬火是把刀坯加热到临界温度（马氏体不锈钢中通常指完全奥氏体化温度）以上，保温一定时间，然后以大于临界冷却速度进行冷却，从而获得以马氏体为主的不平衡组织（也有根据需要获得贝氏体或保持单相奥氏体）的一种热处理工艺方法。淬火是厨刀热处理工艺中应用最为广泛的工艺方法，配合以不同温度的回火，可以大幅提高钢的刚性、硬度、耐磨性、疲劳强度以及韧性等。马氏体不锈钢刀坯经淬火处理后得到淬火马氏体组织，如图 1-16 所示。

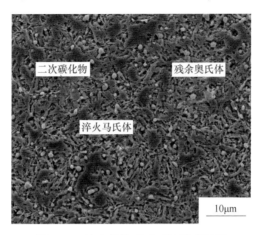

图 1-16　淬火热处理后刀坯微观组织

回火：将经过淬火的厨刀重新加热到低于下临界温度 A_{c1}（加热时珠光体向奥氏体转变的开始温度）的适当温度，保温一段时间后在空气或水、油等介质中冷却的金属热处理工艺。厨刀用钢一般采用低温回火（180℃左右），目的是减小或消除淬火刀坯中的内应力，降低刀坯的硬度和强度，提高刀坯的延性或韧性，减少厨刀使用过程中的应力开裂。淬火后的工件应及时回火，通过淬火和回火的配合才可以获得所需的力学性能，淬火后热处理后的组织即为最终厨刀的组织，如图 1-17 所示。

成品马氏体不锈钢厨刀需经过淬火和低温回火处理，其组织为回火马氏体+少量的残余奥氏体，同时基体组织中弥散分布着大量二次碳化物。

焊接刀柄：按照规定的技术要求，将若干个零件组装成部件或将若干个零件和部件组装成柄形状，刀柄柄片通过焊接成型，刀柄与刀身焊接连接，刃部刀条焊接连接。

粗磨/精磨：厨刀的磨削加工是使刀坯形状满足相应的使用性能、外观要求等。作为厨刀制作过程中最为重要的工序之一，磨削加工质量的好坏直接影响下一工序的加工，甚至影响整把刀的最终性能。

开刃：用硬磨料作为制成切削刃的磨削工具，安装于动力机床或固定于工作台上，由人工把持刀片，控制磨削压力，将刃口磨削位置与磨具发生干涉，在稳

10μm

图 1-17　成品马氏体不锈钢厨刀的微观组织

定的吃刀压力下做横向来回进给运动，以去除刃口部位部分材料，形成设计要求的刃口几何形状。这个加工过程称为开刃。

1.2.3　厨刀的使用及维护

能保持良好性能的厨刀，与正确的使用、清洁、打磨以及存放密不可分[15]。

1.2.3.1　正确的使用

根据处理食材的不同选择合适的厨刀，可以最大程度地满足烹饪的需求并提高厨刀的使用寿命。在使用厨刀过程中，以下四点需要注意：

（1）使用时避免刀具侧向移动，以免损坏刀刃。

（2）注意骨头、冷冻食品和坚硬的食材，以免加速刀具变钝甚至损坏刀具。

（3）切勿对刀施加太大压力，锋利的厨刀可以平滑地切穿食材。如果要对刀具施加很大的压力时，必须要检查刀刃是否锋利。

（4）使用塑料或木制菜板，而硬度较高的大理石或玻璃菜板容易对刀片造成较大的损伤。

1.2.3.2　及时且正确的清洁

厨刀使用完毕后，钢制刀面上有食物残渣、微生物或酸碱等化学物质残留，及时清洁可以避免刀具生锈腐蚀。清洁厨刀时，建议手洗厨刀，许多厨刀的刀柄是木质材料，在洗碗机中洗厨刀很容易会对刀具造成损伤。而且，在洗碗机中洗厨刀也容易造成刀片腐蚀。洗涤剂中的元素可能会对刀片造成无法弥补的伤害，它会使刀片变钝生锈。在清洁完刀具之后，应确保将刀片干燥存储。

1.2.3.3　打磨

厨刀的打磨可以让钝刃口变得锋利，而且刀子越是锋利，保持锋利的时间也就越久。这是因为刀刃足够细腻光滑，那么切割材料时对于刀刃的损伤就会很慢；反之，如果缺口很多，那么刀刃缺口剥落也会非常快。磨刀的一个重要作用就是增加切割手感以及保持性，发挥钢材的最佳性能。

厨刀的打磨需要注意以下几点[16]：

（1）刃磨手法：准确而稳定的刃磨角度、正确而稳定的推刀方向，是刃磨手法的重点。

（2）力度控制：掌握好刃磨力度和推刀速度，尽量减弱冲击；充分利用弹性缓冲作用。

（3）刃形控制：刃形对称性检查和控制，刃磨时要注意检查刀刃两侧的对称性，及时切换刃磨位置和翻转刀身；刃形连贯性控制，确保刃线齐整、刀口线平滑；刃形修剪，鏾掉虚刃，修整其瑕疵。

（4）选用合适的磨料：用得最多的磨料是油石、砂纸、抛光蜡等。专业的磨刀用三块磨刀石，目数由粗到细，一般家用磨刀石选用一块 2000 目以上的即可。

（5）刃口强化：鏾刀时彻底清除毛边，修整或清理微锯齿。

1.2.3.4 储存

切勿将单个厨刀放在厨房抽屉里。这是因为它有可能撞到其他坚硬的物体，对刀刃造成损坏。也不可以随便把它扔在抽屉里，最好使用刀架、磁性刀架等物品来装刀。

1.3 厨刀的性能要求及测试方法

1.3.1 厨刀的性能要求和失效形式

1.3.1.1 主要技术性能及组织要求

切割的目的是分离物质并获得适当的形状，同时要求切割加工过程中厨刀不产生明显缺陷。家用刀具的切削对象主要为有机物，硬度较低，切割过程中刀刃的楔入不存在较大问题，而后续的分离过程是通过有机物纤维被拉长变形达到一定限度后撕裂而完成，但纤维的拉长变形往往导致切割质量的恶化。例如，肉类切割时，肌肉纤维的拉长变形必然导致切口的变形而无法获得更薄的肉片，甚至难以分割；胡须切割时纤维的变形会产生拔胡须的疼痛感觉；纸张切割时纤维的拉长变形将产生"毛边"现象等。因此，为了得到良好的切割质量，需要保证切割过程中对有机物纤维进行有效的瞬时剪切分离而不产生明显的塑性变形，也就是"吹毛断发"。这对刀具的使用性能提出了较高的要求。

高品质厨刀的硬度和锋利性是衡量其使用性能的核心评价指标。当刀具刃口硬度大于被切削物就可实现切削。刀具与被切削物之间硬度差越高，刀刃就可以越顺畅地楔入被切削物并将其纤维分离切断，切削质量就越好[17]。例如，烟草切丝刀具刃口的硬度达到 HRC65 以上，可以有效消除切丝时可能发生的零星拖带现象，而使烟丝平均长度明显增加、废梗率显著降低；剃须刀刃口硬度达到 HRC 68 以上，可以有效消除可能发生的零星拔胡须现象，而使剃须过程完全不会产生痛感。因此，提高厨刀用钢的硬度，能够有效地提高切割质量[18]。

厨刀的锋利性主要包括锋利度和耐用度。研究发现[19]，刀具锋利性会影响切割握力、切割力矩和切割时间，与钝刀相比，锋利性好的刀具所需握力和切割力矩明显更低。国际标准 EN ISO 8442-5《刀具锋利度及耐用度测试方法》把刀具切割标准试件的深度作为衡量刀具锋利度和耐用度的指标。该方法同时模拟了刀具使用中纵切和横切的过程，使刀具刃口 40mm 长的指定部分以 50mm/s 的速度匀速切割石英纸，读出每周切割石英纸的深度，该方法把前三周刀具切割介质的总深度定义为刀具的初始锋利度，把切割介质 60 周的总深度作为刀具的锋利耐用度值。根据国内现状，我国对刀具锋利度测试方法进行了改进。使用 1200 目金相砂纸替代石英纸作为切割介质。改进后的测试标准为[20]：切割压力为 50N，切割行程为 40mm，切割速度为 50mm/s，切割介质为 1200 目金相砂纸，初始锋利度为前 3 个切割周切割深度之和，锋利度耐用度为前 30 个切割周切割深度之和。图 1-18 所示为采用国外测试方法获得的锋利性能曲线。

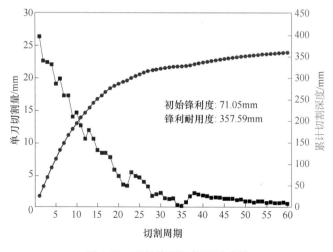

图 1-18　刀具锋利性能测试曲线

厨刀的锋利度与刀刃的几何角度、刃口材料和厨刀的工况条件等因素有关[21]，其中刀刃的形貌和刃口材料起决定性作用。刃口材料因素主要指的是刃口的硬度、表面粗糙程度和内部金相组织。厨刀刃口的几何角度依据使用要求不同而有所改变，在厨刀刃口的几何角度和表面粗糙度不变的情况下，厨刀的硬度越高，厨刀的锋利度越好。减小刃口角度能够显著提升锋利度，但过小的刃口角度则会降低刃口强度，加快刃口的磨损，最终降低刀具的耐用度。因此在研究刀具锋利度的同时，必须考虑刀具的耐用度。影响刀具耐用度的因素主要包括刀具几何形状和刀具本身材料性能。

刀具的切割过程分为以下两步：

第一步为刀刃楔入被切割物，这一过程中刀刃首先与被切割物接触，接触点处被切割物发生变形，刀刃楔入被切割物，该过程主要与刃尖厚度有关。钝刀的刃尖厚度为数十微米，高级不锈钢厨刀的刃尖厚度为数个微米，而对锋利性能要求极高的手术刀具，其刃尖厚度接近 $1\mu m$，追求极致锋利的剃须刀片的刃尖厚度不足 $0.1\mu m$。但在日常使用过程中维持这种极端的锋利度，即锋利耐用度，至今仍是一个世界性难题。

第二步为稳定切割，这一过程中刃口逐渐没入并不断分离被切削物，该过程刃口角度越小，刀具受到的挤压分力就越小，所需切割用力更小。

刀具锋利性能和切割性能是衡量刀具好坏的两个基本参数。锋利性能指的是完成第一步所需要的力/能量，而切割性能指的是完成一次完整切割所需的能量。不同的切割场景/被切割物对刀具的性能要求也不相同。肌肉组织由无数根韧性较好的肌肉纤维组成，切割过程则为无数根肌肉纤维的断裂过程，为重复发生的第一步的集合，对刀具锋利性能要求较高，更小的刃尖厚度有利于肌肉组织的切割。芹菜叶柄主要由薄壁组织构成，棱角处存在厚角组织，芹菜叶柄的切割过程为刀刃对薄壁、厚角组织细胞壁的连续楔入、分离过程，对刀刃的切割性能要求较高。另一种极端情况则为骨头的斩切过程，对刀具的硬度和韧性要求较高，一般采用大刃包角、厚刀体的砍骨刀进行砍骨或斩切。

1.3.1.2 失效形式及其预防措施

刀具的主要失效形式为崩口、卷刃、刃口钝化等。崩口的直接原因是刃口角度和刀尖厚度过小，根本原因是钢材韧性差；卷刃则是由于刀刃硬度不足，在加工或使用过程中发生变形；刃口钝化的直接原因是刃尖厚度过大，而根本原因为使用过程中刀具硬度、耐磨性不足，微观尺度下的刀刃不断地崩口也会导致刃口钝化。相同材料和热处理工艺下，减小刃尖厚度和角度能够显著提高刀具的锋利性能和切割性能，但也会加速刀刃的磨损，提高刀具失效的可能性。

剃须刀片切割胡须时，如果板条状马氏体亚结构尺寸大于刃尖厚度，这意味着沿着刃口方向刀刃的力学性能不均匀，而大尺寸碳化物的存在会加剧这种不均匀性。刀具使用过程中刃口处碳化物开裂或脱落会形成额外的微裂纹，这些微裂纹扩展、合并，最终导致崩口[22]。

刀具刃尖尺寸通常小于 $10\mu m$，部分特殊用途的刀具如手术刀等刃尖尺寸需小于 $1\mu m$，而剃须刀由于对锋利度的要求更高，刃尖厚度在 $0.1\mu m$ 左右，这些刀具刃尖厚度明显小于晶粒尺寸和部分碳化物尺寸。另外，在刀具研磨过程中，碳化物周围会产生显著的应力集中，导致刃口处碳化物的脱落。

图 1-19 所示为 13 种不锈钢金相组织[23]，按碳、铬含量的升序排列。

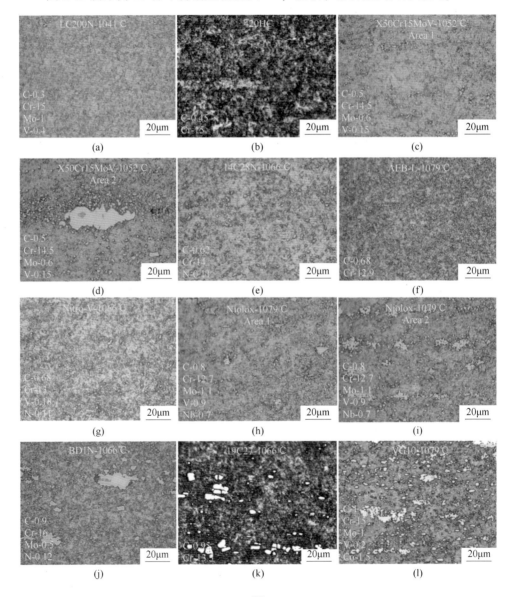

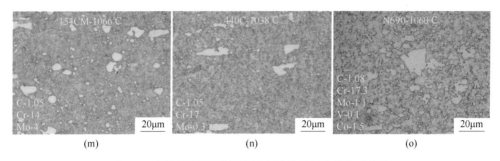

图 1-19　不同钢种不锈钢淬回火后的显微组织与碳化物

图 1-19（a）所示为 0.3C-15Cr-1Mo-0.4V 中碳马氏体不锈钢淬回火后的光镜组织。可以看出，碳化物尺寸细小，分布较为均匀，没有大尺寸共晶碳化物。图 1-19（b）所示为 420HC 钢的光镜组织，成分为 0.45C-13Cr。可以看出，得益于更低的 Cr、Mo、V 等合金元素含量，420HC 钢中碳化物尺寸更加细小，分布也同样均匀。图 1-19（c）和（d）所示为 X50Cr15MoV 钢的光镜组织，成分为 0.5C-14.5Cr-0.6Mo-0.15V。可以看出，随着碳和合金元素含量的提高，X50Cr15MoV 钢中的二次碳化物尺寸有所增大，且出现了明显的不均匀分布，如图 1-19（d）所示的部分位置出现了大尺寸的共晶碳化物，尺寸超过 40μm，且在共晶碳化物周围出现了大量二次碳化物。平衡凝固条件下，这种共晶碳化物不会结晶析出，但实际凝固为非平衡凝固，在选分结晶的作用下，碳、铬等合金元素不断富集于残余液相，当残余液相中合金元素的浓度积大于该温度下碳化物的平衡浓度积时，富铬的 M_7C_3 型共晶碳化物即有可能产生。X50Cr15MoV 钢中的大尺寸共晶碳化物和不均匀分布的二次碳化物会恶化刀具刃口组织的不均匀性，碳化物聚集分布的刃口处韧性差，且在加工和使用过程中易发生应力集中，进一步导致碳化物开裂或脱落，形成微裂纹，这些微裂纹扩展、合并，最终导致崩口。图 1-19（e）（f）和（g）所示分别为 14C28N、AEB-L 和 Nitro-V 钢的光镜组织，成分分别为 0.62C-14Cr-0.11N、0.68C-12.9Cr 和 0.68C-13Cr-0.08V-0.11N。这三种钢主要合金元素含量相近，光镜组织也相近，碳化物尺寸细小、分布弥散。图 1-19（h）和（i）所示为 Niolox 钢的光镜组织，成分为 0.8C-12.7Cr-1.1Mo-0.9V-0.7Nb。基体中出现了大量一次碳化物，且二次碳化物分布不均匀。其中块状未溶一次碳化物为（Nb,V）C，块状溶解形貌的共晶碳化物为富钼的 M_7C_3 碳化物。钛、铌元素不是 M_7C_3 碳化物形成元素，凝固过程中，只要少量的钛、铌就可以优先与碳、氮元素生成 M（C,N），随着钛、铌含量的增加，M（C,N）的析出温度升高，析出量增加，且在热处理过程无法溶解，会遗传到最终组织中，危害刀具刃口的韧性。

随着钢中碳、铬含量的上升，不锈钢凝固过程中产生的 M_7C_3 共晶碳化物已经不可能完全溶解，同时共晶碳化物与周围基体间形成浓度梯度，有可能导致二次碳化物尺寸、分布的不均匀性，如图 1-19（j）~（o）所示。这些大尺寸碳化物虽然降低了不锈钢组织的均匀性，导致刃口韧性显著下降，但也赋予了不锈钢高硬度、超高耐磨性的优势。以这些高碳高铬不锈钢为原材料制作的刀具多为不可复磨刀具，典型的力学性能特征为高硬度、高耐磨性和低韧性。在开刃过程中这些碳化物也会限制刃包角和刃尖厚度的减小，这类刀具的使用性能为适当的锋利性能、切割性能和优异的耐久性能。

碳、铬含量稍低的不锈钢中共晶碳化物可以在后续热加工和热处理过程中破碎和完全溶解，这类不锈钢典型的力学性能特征为高硬度、相对高的韧性和适当的耐磨性，常用来生产可复磨刀具，在开刃过程中，可以适当减小刃包角和刃尖厚度，进而获得高锋利性能、切割性能和适当的耐久性能。

1.3.1.3　高性能刀刃组织特征

高性能刀刃的典型特征（几何特征和性能特征）为小的刃包角（20°）和小的刃尖厚度（1μm），以获得高的锋利性能和切割性能。高硬度提高锋利耐用度、防止卷刃，合适的韧性防止刀刃崩口，以及微崩口引起的刀刃锋利性能降低。

对应的组织和碳化物为：充分固溶强化的马氏体基体，无大尺寸共晶碳化物，适量的尺寸细小、分布均匀的二次碳化物，大量弥散的纳米碳化物。充分固溶强化的马氏体基体硬度高，是提高刀具锋利耐用度、防止卷刃的基础；大尺寸碳化物的充分溶解是获得小刃包角、薄刃尖厚度的限制环节，同时也是提高刃口韧性，防止刀刃崩口的关键；小尺寸二次碳化物能够抑制淬火过程中奥氏体晶粒的长大，提高基体硬度和耐磨性；而大量弥散的二次碳化物能够在不降低刃口韧性的同时，提高刀具硬度和耐磨性。

1.3.2　厨刀产品耐腐蚀性要求及检测方法

本书中耐腐蚀性能要求及测试方法参照国家标准《厨用刀具》（GB/T 40356—2021）相关要求[24-26]，具体测试流程及性能要求如下所述。

1.3.2.1　测试原理说明

厨刀刀身耐腐蚀性测试选用1%的氯化钠溶液（按1g的氯化钠与99mL蒸馏水的比例配成），测试过程中需要把测试样本间歇地浸泡在温度为60℃的1%氯化钠溶液中6h，用显微镜观察腐蚀坑的尺寸和数量，并以此判断厨刀的耐腐蚀等级。国内外在耐腐蚀试剂选择、测试仪器、测试过程和性能要求方面基本相同。

不锈钢焊接类刀具和不锈钢复合钢类刀具可直接进行测试。不锈钢非焊接类刀具的刀片测试前，应将测试刀具进行弯曲试验和不经浸热水进行刀柄连接牢固性测试。

1.3.2.2 测试仪器

耐腐蚀测试的仪器如图 1-20 所示，包括玻璃或塑料的一个容器和盖子，以及一个塑料支承架，用来在容器里面升降样品。如果有其他适合本测试原理的仪器，需要采用吊挂的方法挂起试样。用放大倍数至少为 4 倍的显微镜或透镜来协助观察。

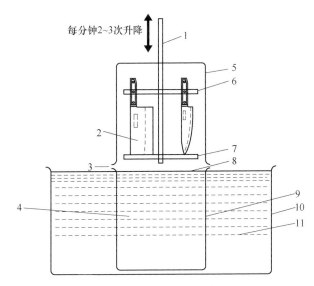

图 1-20 耐腐蚀测试的仪器

1—塑料棒或塑料带；2—试件及放置方向；3—透气孔或透气缝；4—(60±2)℃的 1%氯化钠溶液；
5—防止蒸发的塑料盖或玻璃盖；6—带插孔的试件塑料上支承架；
7—带排气、水孔口的塑料下支承架；8—液位应满足试件测试部位完全浸入；
9—玻璃或塑料容器；10—恒温水浴槽；11—(60±2)℃的热水

1.3.2.3 测试流程

（1）使用热肥皂水彻底清洗测试样品并漂洗干净，然后把样品置于丙酮或酒精中脱脂。

（2）容器里的氯化钠溶液量按样品的金属部分面积进行计算，每平方分米至少使用 1L 氯化钠溶液，升温并使溶液及测试样品温度保持在 (60±2)℃。溶液的温度不允许超过 62℃。氯化钠溶液温度的控制可以通过将容器置于一个恒温控制的水浴中实现，水浴的温度保持水平大约相当于氯化钠的温度水平，使温度维持在 (60±2)℃。

（3）把样品置于塑料支承架上，如果是金属刀柄的刀具，则要用这种方法放置刀柄以保证它们不接触到支承架，把盖子盖上。

（4）把试件测试部位完全浸泡在溶液中，以每分钟 2～3 次的速率把样本从溶液中完全浸入和取出，持续 6h。

（5）测试完成后，彻底清洗和漂洗样本，检查腐蚀情况。如果生锈的产物阻碍了锈点的肉眼检查时，可以用一块带抛光蜡的布擦去刀具表面的锈迹。

1.3.2.4　测试结果表述与性能要求

测试结束后用放大倍数至少为 4 倍的显微镜或透镜来协助观察每 $20cm^2$ 的锈点大小和数量，如果有两个锈点明显接合在一起，则作为两个独立的锈点，测试结束后合格产品外露的不锈钢表面应符合三方面要求：（1）无裂纹或裂缝；（2）每 $20cm^2$ 面积内，直径大于 0.4mm 的腐蚀坑或腐蚀区域不应超过 3 个；（3）不应出现直径大于 0.75mm 的腐蚀坑。

图 1-21 所示为厨刀耐蚀性能测试案例。耐腐蚀性能测试结束后应根据国标要求判定检测厨刀产品是否符合国标要求，并给予合格评价。

广东省阳江市质量计量监督检测所

检　验　报　告

No. A20220994
第 2 页 共 2 页

序号	检验项目	单位符号	标准要求	检验结果	单项评价
1	锋利度	N	/	14.50　15.19　16.10	/
2	耐腐蚀性	无	不锈钢焊接类刀具和不锈钢复合钢类刀具按 6.2.7.1 试验，外露的不锈钢表面应符合如下要求：a)无横向或纵向的裂纹或裂缝；b)每 $20cm^2$ 面积内，直径大于 0.4 mm 的腐蚀坑或腐蚀区域不应超过 3 个；c)不应出现直径大于 0.75mm 的腐蚀坑。	符　合	合　格

图 1-21　耐腐蚀性测试案例

1.3.3　厨刀产品锋利性能要求及检测方法

高品质刀具最核心的性能包括初始锋利度和锋利耐用度。初始锋利度指刀具切割的快慢，锋利耐用度是指在适当锋利度下保持耐用最大化。初始锋利度和锋利耐用度既相互对立，又相互依存，一把好的厨刀应该同时拥有高的初始锋利度和锋利耐用度。锋利度是刀具本身的客观属性，刀出厂后，其初始锋利度就已确定。刀具的锋利度与刀刃的几何角度、刃口材料和刀具的工况条件等因素有关，其中刀刃的形貌和刃口材料起决定性作用。刃口材料因素主要指的是刃口的硬度、表面粗糙度和内部金相组织。刀具刃口的几何角度依据使用要求不同而有所改变，在刀具刃口的几何角度和表面粗糙度不变的情况下，刀具的硬度越高，刀具的锋利度越好。

本书中可复磨厨刀锋利性能要求及测试方法参照国家标准《厨用刀具》（GB/T 40356—2021）相关要求[24-26]，具体测试流程及性能要求如下所述。

1.3.3.1 测试原理说明

国际标准和国内标准均把刀具切割标准试件的深度作为衡量刀具锋利度的指标，解决了锋利度定量及测试问题。该方法同时模拟了刀具使用中纵切和横切的过程，使刀具刃口 40mm 长的指定部分以 50mm/s 的速度匀速切割介质，读出每周切割介质的深度，将切割深度作为衡量厨刀锋利性能的指标。测试时切割介质、切割压力、切割周期等参数可参照 1.3.1 节中关于国内外切割标准差异的描述。

1.3.3.2 测试仪器

刀具锋利度与耐用度测试仪示意图如图 1-22 所示。

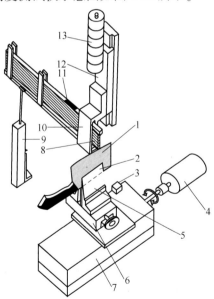

图 1-22 刀具锋利度与耐用度测试仪示意图

1—刀片；2—切割行程长度；3—基准零位传感器；4—电动机驱动系统；5—刀具固定装置；

6—横向滑道；7—水平滑道；8—切割介质；9—测量切割深度传感器；

10—介质夹；11—切割介质推进装置；12—纵向滑道；13—附加力砝码

1.3.3.3　测试流程

（1）接通电源，将操作台的电源开关旋至"开"的位置，显示屏指示灯亮，显出主画面，待机十几秒钟，等待气压压力升高稳定。

（2）装配测试纸：在纸匣被抬高后，将纸叠齐放入纸匣内，要求压紧纸叠后有 50mm 以上厚度。

（3）装配测试刀：逆时针旋转台钳的手环，台钳会松开夹口，选定测试部位，将待测刀具放进台钳夹缝内；顺时针旋转手环，同时观察刀刃是否水平，旋紧手环夹紧刀具。

（4）准备就绪。按操作台"起动"按钮，切纸测试自动进行，观察机器的测试情况。

（5）被测件在设定的切割周后自动停止，试验结束。旋转手环卸下刀具，打印报告。

（6）如还有刀具需继续测试，则按步骤（3）装配好刀具后，再重新开始测试。

（7）介质夹中的切割介质使用到一定长度不能稳固夹紧时，要及时更换切割介质，以免影响检测效果。试验过程中，如需中途停止，按仪器上的"停止"键。

（8）试验结束，关闭机器电源，清理纸屑。

结果的记录见表 1-3 的例子。

表 1-3　记录结果的方法（实例）

切割周期次数（X）	切割的卡纸深度/mm	
	每个周期 $Y_{(x)}$	累加值 $Z_{(x)}$
1	34.5	34.5
2	29.9	64.4
3	26.6	91
4	23.1	114.1
5	23.1	137.2
6	19.5	156.7
7	20	176.7
8	17	193.7
⋮	⋮	⋮
f	$Y_{(f)}$	$Z_{(f)}$

注：f 为最终周期数；$Z_{(f)}$ 为测试完成时总卡纸切割深度。

1.3.3.4　结果和案例的描述

一个典型的曲线如图 1-23 所示。锋利性能根据累加值进行计算，锋利性能值越高越好。不同类型刀对锋利性能要求不同，如表1-4所示。

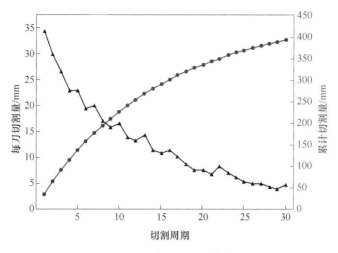

图 1-23 典型的切割曲线

表 1-4 刀刃口锋利度与耐用度（GB/T 40356—2021）

刀具功能分类	切割金相砂纸		切割石英纸	
	锋利度/mm	耐用度/mm	锋利度/mm	耐用度/mm
斩切类	≥25	≥100	≥30	≥100
切片类	≥30	≥120	≥50	≥150

1.3.4 厨刀产品硬度性能要求及测试方法

除耐蚀性能与锋利性能外，厨刀产品要求具有高的硬度，以保证厨刀在切割过程中保持好的锋利度，其测试方法及要求如下所述[24-26]。

（1）不锈钢类、合金钢类、碳素钢类刀具硬度试验方法。用洛氏硬度计在距刃口25mm的等距区域内，选前、中、后各测一点；刀片宽度小于60mm的，在距刃口1/3刀片宽度的等距区域内，选前、中、后各测一点，测试结束后取平均值作为最终硬度。

（2）不锈钢复合钢类刀具硬度试验方法。

1）洛氏硬度试验方法。除去复合层后，在基层上用洛氏硬度计测量距刃口25mm的等距区域内前、中、后各一点；刀片宽度小于60mm的，在距刃口1/3刀片宽度的等距区域内选前、中、后各测一点。

2）维氏硬度试验方法。在刃部前、中、后三个位置垂直切割取样，取样深度大于25mm（切割处理后应保证切割面组织无变化），用维氏硬度计测量垂直截面上距刃口25mm范围内任意一点的基层硬度；刀片宽度小于60mm的，用维氏硬度计测量垂直截面上距刃口1/3刀片宽度范围内任意一点的基层硬度。对于厚度薄、有打穿风险的刀具，可以先测量HRA，然后换算成HRC。

测试完成后，刀具刃部硬度应符合表1-5的要求。

表1-5 刃部硬度

刃部材料	硬 度	同把硬度差
不锈钢类	HRC≥50	HRC≤3
合金钢类		
碳素钢类	HRC≥52	HRC≤3
不锈钢复合钢	HRC≥50；HV10≥512	HRC≤3；HV10≤70

注：不锈钢复合钢类刀具硬度仲裁时采用维氏硬度。

参 考 文 献

［1］ https：//www. 163. com/dy/article/GBIIGU9E0538UJG3. html.

［2］ https：//baike. baidu. com/tashuo/browse/content？ id＝703153e2560eadc87a05f755#：～：text.

［3］ https：//www. zhihu. com/question/400879611.

［4］ https：//www. fx361. cc/page/2018/0627/3712166. html.

［5］ http：//www. cmrn. com. cn/scyj21/201805/1537859. html#：～：text.

［6］ https：//www. douban. com/note/758946004/？ _i＝61001526WZZfA_.

［7］ https：//www. docin. com/p/316045058. html.

［8］ https：//zhuanlan. zhihu. com/p/21696072.

［9］ https：//new. qq. com/rain/a/20220728A03T3B00.

［10］ https：//k. sina. com. cn/article_7475940494_1bd99cc8e02000zyny. html.

［11］ https：//www. sohu. com/a/424787284_120205687.

［12］ https：//zhidao. baidu. com/question/1927780604649525427. html.

［13］ 常万祯. 2006年全国刀剪行业情况调查及工作报告［J］. 五金科技，2007，35（3）：5.

［14］ 邹振戊，常万祯. 中国刀剪如何走向世界的探讨［J］. 五金科技，2004，32（6）：3.

［15］ https：//new. qq. com/rain/a/20220828A05EMS00.

［16］ https：//www. docin. com/p/689456493. html.

［17］ 戚正风，任瑞铭. 国内外刀具材料发展现状［J］.金属热处理，2008（1）：15-20.

［18］ 陈明昕.新型有机物切削刀具材料的低温二次硬化机理研究及渗碳体超细化的析出控制［D］.昆明理工大学，2009.

［19］ McGorry R W, Dowd P C, Dempsey P G. Cutting moments and grip forces in meat cutting operations and the effect of knife sharpness［J］. Applied Ergonomics, 2003, 34（4）: 375-382.

［20］ 周联生，刘月霞，叶娜，等. 刀具锋利度测试方法的研究［J］.南方金属，2010（6）：51-53.

［21］ Reilly G A, McCormack B A O, Taylor D. Cutting sharpness measurement: a critical review ［J］. Journal of Materials Processing Technology, 2004, 153-154: 261-267.

［22］ Roscioli G, Taheri-Mousavi S M, Tasan C C. How hair deforms steel［J］. Science, 2020, 369

（6504）：689-694.

[23] Thomas L. Knife engineering：steel，heat treating，and geometry[M]. Middletown：DE，2020.

[24] 中国轻工联合会. 厨用刀具[S]. 广东：国家市场监督管理总局，国家标准化管理委员会，2020：4-18.

[25] 国家市场监督管理总局,国家标准化管理委员会. 厨用刀具：GB/T 40356—2021[S]. 北京：中国质检出版社，2021.

[26] 黄远清. GB/T 40356—2021《厨用刀具》解读[J]. 标准生活,2021(5):40-45.

2 厨刀用钢的制备技术

马氏体不锈钢具有高的硬度和良好的耐蚀性能，通常选作厨刀用材，本章中重点介绍目前常见的厨刀用马氏体不锈钢凝固、成型加工过程。现代厨刀生产过程中，通常采用连铸或电渣重熔的工艺生产厨刀用钢，其中连铸工艺具有产量大、生产效率高等特点。电渣重熔工艺通常用于碳含量较高（碳含量大于0.6%以上）的高端厨刀用钢生产，具有钢材组织致密、洁净度高、偏析控制好等特点。

2.1 连铸工艺生产厨刀用钢

2.1.1 高质量钢水制备技术

利用电炉+AOD二步法生产马氏体不锈钢厨刀用钢的生产工艺路线如图2-1所示。

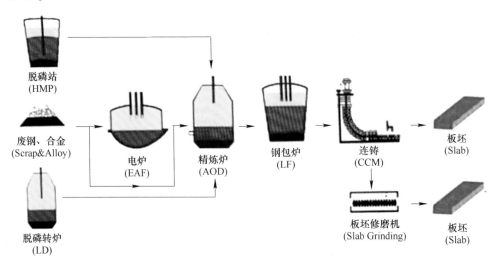

图 2-1　马氏体不锈钢连铸板坯生产工艺

由图 2-1 可知，入 AOD 精炼的原料包括铁水、钢液或半钢：

（1）铁水脱磷预处理，生产出磷含量满足要求的铁水；

（2）废钢、合金经电弧炉或其他形式炉熔化后形成的钢液；

（3）转炉脱磷，生产出磷含量满足要求的半钢。

将以上3种原料兑入AOD，AOD按照钢种的成分要求加入铬铁、电解锰以及其他合金，同时针对氮元素的要求进行氮氩切换完成氮元素的合金化，成分基本符合要求后出钢，将钢包吊至LF进行升温、成分微调、去除钢液中夹杂物等，钢液成分和温度、洁净度达到钢种要求后，将钢包吊至连铸平台，连续浇铸成板坯。

下面以电炉、AOD炉、LF精炼炉、连铸工艺为例，介绍各工序的工艺特点。

2.1.1.1　电弧炉冶炼工艺

电弧炼钢炉以电能为主要能源。电能通过石墨电极与炉料放电拉弧，产生高达3000℃左右的高温，以电弧辐射、温度对流和热传导的方式将废钢原料熔化，如图2-2所示。

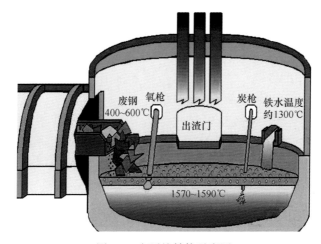

图 2-2　电弧炉结构示意图

在电炉中装入废钢、铁合金（高碳铬铁、高碳镍铁、电解镍、NiO等）和造渣材料（石灰等）等炉料进行熔化。对于AOD精炼，电炉配料熔清碳含量可以高达1.0%~3.0%，可使用廉价的高碳铬铁作原料，实现降低冶炼成本的目的。一般应保证初炼钢液中Cr、Ni、Mo等元素含量为规格的中下限。初炼钢液硅含量不超过0.25%，允许在0.2%~0.4%范围内波动，以减少对AOD炉炉衬的侵蚀，提高AOD炉炉衬寿命，缩短处理时间，防止钢液升温过高。

为了防止AOD炉吹炼时间过长，电炉出钢钢液碳含量以较低为宜。但在实际操作中，为了保证电炉内铬元素尽量少烧损，电炉出钢钢液中碳含量较高。当钢液成分、温度满足要求后，电炉钢液出钢至钢包，称重后，钢液倒入AOD炉精炼，AOD 精炼开始吹炼钢液温度一般控制在 1480~1560℃。

2.1.1.2　AOD 精炼工艺

AOD（Argon Oxygen Decarburization）氩氧精炼法由美国的联合碳化物公司与 Josly 公司合作于 1968 年发明。AOD 精炼工艺是把初炼炉粗炼好的钢水倒入 AOD 炉内，用一定比例的氧和氩的混合气体从炉体下部侧部吹入炉内，在 O_2-Ar 气泡表面进行脱碳反应。由于 Ar 对所生成的 CO 的稀释作用降低了气泡内的 CO 分压，因此促成了脱碳，防止了铬的氧化。AOD 冶炼过程中主要分为脱碳氧化期和还原期两个阶段。

脱碳期最重要的是要控制好 O_2 和稀释气体 Ar（或 N_2）的混合比，一般可分为 3 个阶段：

第一阶段采用 Ar : O_2 = 1 : 3，吹至 [C] = 0.25% 左右。

第二阶段采用 Ar : O_2 = 1 : 2，吹至 [C] = 0.1% 左右。

第三阶段采用 Ar : O_2 = 2 : 1（或 3 : 1），吹至 [C] ≤ 0.03%。最后用纯氩吹炼几分钟，使溶解在钢水中的氧继续脱碳，同时还可减少还原剂 Fe-Si 的用量。

为了控制出钢温度并有利于保护炉衬，第二、三阶段添加清洁本钢种的废钢冷却钢液，温度控制在 1715~1750℃。每阶段吹炼完了均取样分析和测温。当碳含量脱到要求的含量后，即 AOD 精炼不锈钢吹氧结束，钢液中的铬或多或少有所氧化，渣中的氧化铬含量相当高，其量大约为 2%。因此在氧化脱碳结束后，为了还原渣中的铬和稀释吹炼后十分黏稠的富铬渣，可加入 FeSi、SiCr、Al 等和石灰造渣剂，并用氩气强烈搅拌，进行 6~8min 还原。由于渣钢间反应剧烈，可以极大提高铬、锰的回收率。AOD 炉的铬回收率可达到 99%，锰回收率可达 90% 以上。然后扒渣 40%~60%，调整钢液成分和温度合适即可出钢。

脱硫率高是 AOD 炉的优点之一，在还原期一般采用单渣法，还原期由于有碱性还原渣、高温和强搅拌的条件，极易将钢中的硫脱到 0.01% 的水平。只有在钢中硫含量特别高或者要求钢中硫含量降至 0.005% 以下时才使用双渣法，即扒除含大量 SiO_2 的低碱度渣，再加石灰、FeSi 和萤石造碱度 2.2~3.6 的高碱度渣脱硫，同时吹氩搅拌，使硫含量降至要求的水平。

1978 年日本星崎厂移植了顶吹氧气转炉经验，开发了顶底复吹法。在钢液 [C] ≥ 0.5% 的脱碳一期，由底部风枪送一定比例的氧、氩混合气体，顶部氧枪进行软吹或硬吹。顶吹氧采取"硬吹"工艺，进一步提高了脱碳速度，缩短冶炼时间，脱碳效率可达到 80%~90%。

1984 年日本新日铁公司光制铁所针对 60t AOD 开发了 O-AOD 脱碳工艺，脱碳工艺特点如下：

（1）在钢液碳含量 [C] ≥ 0.7% 脱碳一期采用纯氧吹炼，不会发生铬的氧化。

AOD炉在此区域的脱碳速度由供氧速度决定,提高了脱碳速度,缩短了冶炼时间。

（2）钢液碳含量0.11%~0.7%时,由分阶段降低O_2/Ar改为连续降低O_2/Ar,这个区域C-O平衡的碳含量是由p_{co}所决定,吹入的氧气使钢中的碳不断降低,p_{co}也随之降低,脱碳效率提高,还原硅铁使用量降低。

（3）钢液碳含量[C]≤0.11%时（OAB期）,采用纯底吹氩,提高脱碳速度,减少铬氧化。此阶段利用钢水中溶解氧和渣中铬的氧化物还原出的氧进行脱碳。

2.1.1.3 LF精炼工艺

钢包炉（即LF精炼炉）是将初炼炉生产的钢水置于钢包中进行精炼,调整钢水温度和成分,满足连铸对钢液质量的要求。

LF精炼炉主要由装有底吹氩搅拌的钢包、水冷炉盖、电极加热系统、合金加料系统和除尘装置等组成,如图2-3所示。

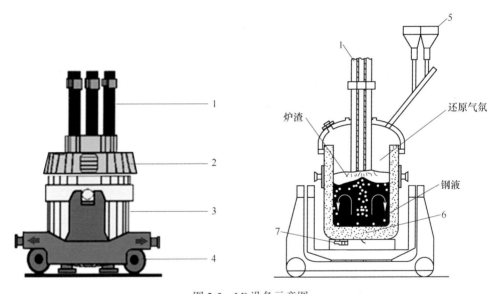

图2-3 LF设备示意图

1—电极；2—水冷炉盖；3—钢包；4—钢包车；5—合金料仓；6—透气砖；7—滑动水口

根据钢种、脱氧方式和初炼炉类型的不同,LF精炼炉操作工艺也不相同。对于不锈钢的生产,向LF精炼炉中加入造渣剂和合金,在还原性气氛下,通过电极埋弧造渣,完成钢液的脱硫、脱氧、合金化、温度及夹杂物的控制。

通过LF精炼,力求达到以下效果[1]：

（1）钢液温度能够满足后续连铸条件；

（2）处理时间能达到多炉连浇要求；

（3）成分微调能够使产品成分合格且达到最低成本；

（4）钢液纯净度能达到产品质量要求，特别是具有强脱硫能力。

2.1.2 连铸工艺及操作制度

经过初炼炉和精炼炉处理的钢水注入钢锭模或结晶器中凝固成钢锭的过程即为浇铸。常用的钢水浇铸方法有模铸法和连铸法两种。

模铸法是将合格的钢水注入钢锭模中凝固得到表面良好、内部均匀、致密的钢锭。具体可分为坑铸法和车铸法、上注法和下注法。模铸的工艺流程为刷模、整模、浇铸、卸锭、脱锭、缓冷、表面清理。主要设备由钢包、钢锭模、保温帽和绝热板、中注管和底板组成。

连铸过程是将钢水连续铸造成钢坯的过程。随着连铸技术的普及，在不锈钢生产过程中进行连铸变得越来越普遍。不锈钢采用连铸方法，能够简化生产工序，提高金属收得率，减少能源消耗，提高铸坯质量，并易于实现自动化。连铸的工艺流程为：将精炼后的钢水运至回转台，回转台移动至浇铸位置后，使钢水进入中间包，经过水口将钢水分配至结晶器中，在结晶器内钢水迅速凝固，通过拉矫机和结晶器振动装置，拉出结晶器内铸件，最后通过切割形成连铸坯。按照结构外形可将连铸机分为立式连铸机、立弯式连铸机、带直线段弧形连铸机和水平连铸机。连铸机的主要部分有钢包、中间包、结晶器、引锭杆、切割机、冷却水系统等，如图 2-4 所示。

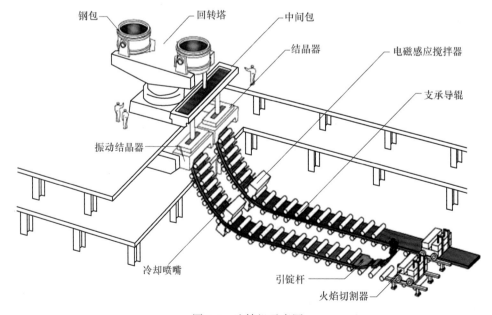

图 2-4 连铸机示意图

此外，电渣重熔所用电极可采用水平连铸的方式生产。水平连铸是钢水由水平方向注入水平放置的结晶器内，铸坯凝固过程和在铸机内运动直至达到冷床均呈水平状态的连续铸钢方法。与其他连铸方法相比，水平连铸有以下特点：(1) 结晶器为水平放置，在结晶器内的钢水的静压力低，可以防止出现铸坯鼓肚；但同时，凝固时不利于钢水补缩，铸坯中心容易出现缩孔。(2) 中间包和结晶器密封连接，能有效防止钢流二次氧化，保持钢水洁净度。(3) 铸坯在铸机内不存在弯曲、矫直过程，不会出现由弯曲或矫直应力引起的裂纹。(4) 适用于生产优质小断面铸坯。

2.1.3 连铸坯质量控制

2.1.3.1 连铸生产厨刀用钢组织及特点

目前，通过连铸生产的厨刀用马氏体不锈钢主要为4Cr13等碳含量较低的中低碳马氏体不锈钢。对于碳、铬含量更高的5Cr15MoV和6Cr13，主要通过电渣重熔的方式生产，但也有部分钢企可通过连铸方式生产该两类钢种。通过连铸生产高碳、铬含量钢种的难点在于铸坯凝固过程中严重的合金元素偏析导致大量共晶碳化物析出，增加了轧制过程和使用过程中钢材的开裂倾向。4Cr13、5Cr15MoV和6Cr13钢平衡凝固相图如图2-5所示。

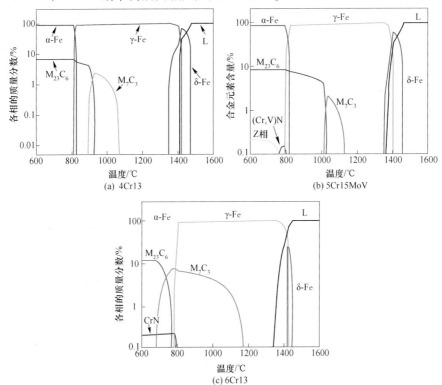

图 2-5 马氏体不锈钢的平衡凝固相图

由图 2-5 可知，随着碳含量的增加，一次碳化物 M_7C_3 的析出温度逐渐升高，说明一次碳化物存在的温度随着碳含量的增加而有所提升，在后续高温扩散退火过程中更加难以溶解。实际凝固过程中，由于合金元素的偏析，合金元素不断在剩余液相中富集。一次碳化物在凝固末期从钢液中析出，碳含量的增加使得一次碳化物析出温度提高，导致凝固结束后钢锭中存在更多的一次碳化物。

连铸坯中一次碳化物产生于凝固末期，其存在方式对于厨刀的质量和使用性能至关重要。图 2-6 所示为 6Cr13 高碳马氏体不锈钢连铸坯中的一次碳化物。

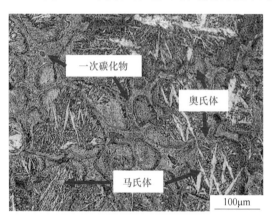

图 2-6　6Cr13 高碳马氏体不锈钢连铸坯中的一次碳化物

由图 2-6 可以看出，高碳马氏体不锈钢钢连铸坯中一次碳化物尺寸高达数百微米，这些一次碳化物在后续加工过程中无法通过高温扩散退火的方式完全消除，最终产品中残留与基体硬度差异较大的一次碳化物成为必然，为后续的冷轧工艺带来隐患，也会对成品刀具的使用性能及寿命产生不利影响。同时，由于铸坯凝固时内外冷却条件差异及铸坯中心位置半宏观偏析的存在，也使得连铸坯由内而外一次碳化物大小、形貌、分布及数量出现极大差异，这种差异导致后续各工序产品组织的内外差异。

2.1.3.2　连铸坯质量控制方法

铸坯纯净度、表面裂纹、表面冷隔、热裂纹、重皮、铸坯中心的疏松、缩孔和中心偏析以及鼓肚变形均会对铸坯质量产生影响。可以通过以下方法提高铸坯的质量[2-6]。

（1）提高钢液纯净度。

（2）实现钢流保护浇铸。

（3）降低和稳定过热度。

（4）选用合适的电磁搅拌参数。

（5）降低拉速或提高二冷强度。

（6）采用凝固末端轻压下技术。

2.2 电渣重熔工艺生产高端厨刀用钢

2.2.1 电渣重熔设备及原料

电渣重熔是一种广泛应用于优质特种钢和合金生产的工艺。它把电渣重熔精炼与钢坯浇铸凝固两道工序结合，一次完成钢的精炼浇铸，获得纯净度高、组织致密、成分均匀、表面光洁的金属锭。目前主要用于生产工模具钢、低合金高强度钢、轴承钢、高温合金和不锈耐热钢等。随着对材料性能要求的不断提高，电渣重熔工艺在未来有广阔的发展前景，电渣重熔过程如图 2-7 所示。

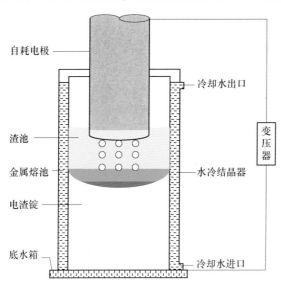

图 2-7　电渣重熔过程示意图

电渣重熔设备包括：（1）水冷结晶器；（2）底水箱；（3）变压器。电渣重熔过程中将自耗电极插入盛有固态或液态炉渣的水冷结晶器中，自耗电极、炉渣和底水箱与变压器形成回路。向渣池中通入强电流时，渣池靠自身的电阻产生大量的焦耳热，使自耗电极逐步熔化，金属熔滴穿过渣池进入金属熔池。在水冷结晶器的强制冷却下，液态金属逐渐凝固成铸锭。铸锭由下而上逐渐凝固，凝固过程在渣壳的包裹中完成，形成光洁的铸锭表面。

电渣重熔利用电弧炉、转炉等方法冶炼的钢制成自耗电极，自耗电极、炉渣和底水箱与变压器形成回路。在电极末端沿锥头形成液态薄膜层，液态薄膜层在重力、电磁力、渣池运动的冲刷力的作用下沿锥面滑移汇聚成金属熔滴，金属熔滴在形成和滴落过程中和熔渣充分接触并发生一系列的物理化学反应，去除金属中有害杂质元素和非金属夹杂物。由下而上的凝固过程保证了重熔锭的凝固组织均匀致密，并有利于抑制合金元素偏析，控制金属凝固方向，获得趋于轴向的凝固组织。

2.2.2 电渣锭的凝固组织

以 8Cr13MoV 钢为例，利用 Thermo-Calc 热力学软件计算了其平衡凝固过程中各相的析出行为，结果如图 2-8 所示。平衡凝固是指钢液冷却至任何温度时都可以达到热力学平衡，这是一种理想的状态。虽然实际钢液凝固以及固态相变过程中元素偏析是不可避免的，而且由于动力学条件的问题，热力学平衡也很难达到，但是平衡凝固性质图仍然可以揭示钢中各相的析出和转变规律。

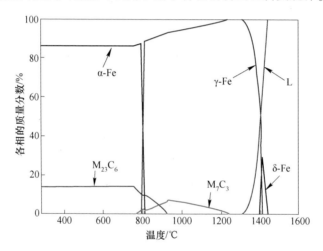

图 2-8　8Cr13MoV 钢平衡凝固性质

由图 2-8 可知，在平衡凝固条件下，8Cr13MoV 钢固相线温度为 1320℃。钢液完全凝固后，当温度降低到 1240℃时，M_7C_3 型二次碳化物开始从奥氏体中析出。温度达到 925℃时，M_7C_3 含量达到最大值 9.05%，与此同时，$M_{23}C_6$ 碳化物开始析出。由图 2-8 中的碳化物含量变化趋势可知，M_7C_3 含量由上升趋势转为下降时，$M_{23}C_6$ 开始析出，且 $M_{23}C_6$ 含量随着 M_7C_3 的降低而增加，当 M_7C_3 完全消失时，$M_{23}C_6$ 含量达到最大值。由此推断：$M_{23}C_6$ 碳化物是由 M_7C_3 碳化物转变而来。当温度达到 810℃左右时，共析反应发生，奥氏体含量迅速降低，铁素体含量迅速上升，M_7C_3 碳化物含量变化趋势由下降变为上升（由 1.86%升高到 2.59%），$M_{23}C_6$ 碳化物含量基本不变。分析认为，共析反应中析出的碳化物为 M_7C_3，共析反应方程式为：$\gamma\text{-Fe} \rightarrow \alpha\text{-Fe} + M_7C_3$。共析反应结束后，$M_7C_3$ 碳化

物继续向 $M_{23}C_6$ 转变，当温度降低到 760℃ 时，M_7C_3 碳化物完全消失，$M_{23}C_6$ 碳化物含量达到最大值 14.00%。

8Cr13MoV 钢铸态金相组织如图 2-9 所示，主要由针状马氏体、板条状马氏体、残余奥氏体和一次碳化物组成。

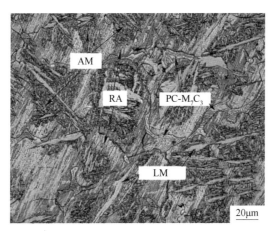

图 2-9　8Cr13MoV 钢凝固组织及其形成原理

（RA、PC-M_7C_3、LM、AM 分别代表残余奥氏体、M_7C_3 型一次碳化物、板条状马氏体、针状马氏体）

图 2-9 中晶界附近浅黄色的区域为残余奥氏体，晶界处呈白色盘曲状的为一次碳化物，晶粒内部黑白相间的区域为针状马氏体，白色条状组织为板条状马氏体。钢液在凝固过程中碳和合金元素原子不断从凝固前沿排出到剩余液相中，导致剩余液相中溶质原子富集，碳含量由晶粒中心到晶界处逐渐升高。在钢液凝固的最后阶段，剩余液相成分达到共晶点，发生共晶反应，在晶界处析出一次碳化物；靠近晶界的位置，由于碳和合金元素含量高，奥氏体稳定性高，在冷却过程中成为残余奥氏体；晶粒中心部位，碳含量最低，冷却过程中形成板条状马氏体；晶粒中心到晶界区域，碳含量相对较高的地方形成针状马氏体。

对 8Cr13MoV 钢铸态钢材进行 XRD 分析，结果如图 2-10 所示。结果显示，钢中主要含有奥氏体相，其次为马氏体和 M_7C_3 型一次碳化物，这证明 8Cr13MoV 马氏体不锈钢铸态组织由马氏体、残余奥氏体和一次碳化物组成。

2.2.3　电渣锭质量控制

2.2.3.1　熔速的影响

电渣重熔过程中适当的工艺参数有助于获得组织细小、一次碳化物含量较少的马氏体不锈钢铸态组织。其中，适当的熔速调控既能保证冶炼顺行，又能保证电渣锭良好的内部质量和表面质量。在 300kg 电渣重熔工业生产过程中，不同电渣重熔熔速下，电渣锭 1/2 中心处枝晶形貌和一次碳化物形貌及分布如图 2-11 所示。

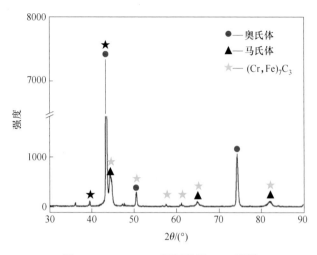

图 2-10　8Cr13MoV 凝固组织 XRD 图谱

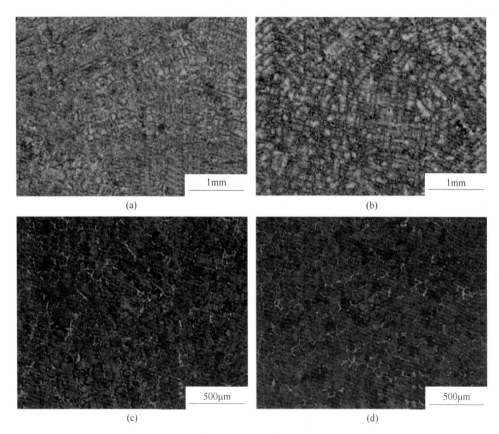

图 2-11　电渣锭 1/2 中心处枝晶形貌和一次碳化物形貌及分布

图 2-11（c）（d）中白色区域为一次碳化物。可见，降低熔速后电渣锭中二次枝晶尺寸减小、数量增多且生长更加饱满，枝晶间隙缩小。通过观察一次碳化物形貌和分布可知，降低熔速后一次碳化物形貌更加纤细，且一次碳化物网状结构缩小，分布更加均匀。根据一次碳化物析出和生长原理可知，一次碳化物在元素富集的枝晶间隙处形核并沿着枝晶间隙生长。一次碳化物变纤细的主要原因是枝晶间隙缩小，一次碳化物网状结构缩小也表明了枝晶尺寸减小。统计电渣锭不同位置一次碳化物的含量，如图 2-12 所示。

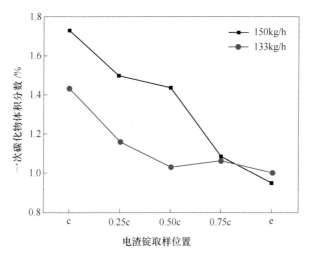

图 2-12　电渣重熔熔速对电渣锭不同位置一次碳化物面积分数的影响

经统计，电渣重熔熔速为 133kg/h 和 150kg/h 的电渣锭中一次碳化物平均面积分数分别为 1.14% 和 1.37%。可见电渣重熔熔速降低 11%，一次碳化物平均面积分数降低了 16.8%，降低电渣重熔熔速，对减轻元素偏析、减少一次碳化物析出具有较为明显的效果。

虽然降低熔速可以改善电渣锭内部结晶质量、减少一次碳化物的析出，但在实际电渣重熔生产过程中，熔速应该控制在合理的范围内。一般情况下，降低电渣重熔熔速会导致电极埋入渣池的深度减小，电流波动过大，甚至出现明弧现象，使电渣重熔过程变得不稳定。另外，降低熔速后金属熔池变浅，会减弱金属熔池二次化渣能力，导致渣皮厚度不均匀，容易使电渣锭表面质量下降。8Cr13MoV 钢电渣重熔过程中，当电渣重熔熔速为 133kg/h 时，既能保证冶炼顺行，又能保证电渣锭良好的内部质量和表面质量。

2.2.3.2　充填比的影响

充填比是指电极横截面积与结晶器横截面积之间的比值。作为电渣重熔工艺中重要的几何参数之一，充填比在一定程度上会影响渣池和金属熔池中的温度场分布和溶质传输[7]，对冶金质量的控制有很大影响。300kg级电渣重熔工业实验结果如图2-13所示。

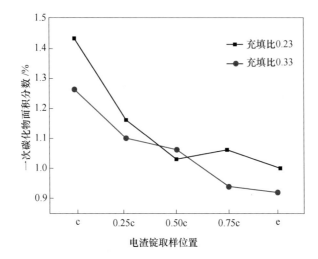

图2-13　充填比对电渣锭中一次碳化物含量的影响

由图2-13所示，随着充填比增加，电渣锭中一次碳化物含量普遍降低。充填比由0.23增加到0.33，电渣锭中一次碳化物的平均含量由1.14%降低到1.05%，减少比例为7.9%。说明适当增加充填比有利于电渣锭中一次碳化物的控制，但在实际生产中，充填比的选择需考虑电极与结晶器之间安全间隙的限制，避免安全事故的产生。

2.2.3.3　冷却强度的影响

冷却强度对8Cr13MoV钢的凝固组织也有显著影响，OM下显微组织如图2-14所示。低冷却强度的凝固组织中枝晶粗大发达，二次枝晶生长比较明显，整体有一定的方向性；高冷却强度的凝固组织中存在较多等轴晶，且分布比较均匀，二次枝晶较短，呈花瓣形。

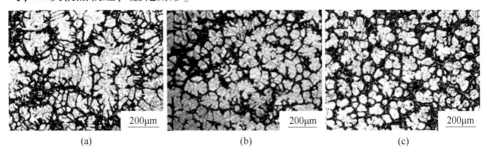

图2-14　不同冷却强度试样组织

(a) 600L/h；(b) 800L/h；(c) 1000L/h

低冷却强度下一次碳化物分布极其不均匀，有些位置一次碳化物高度集中，并且一次碳化物之间形成明显的网状。随着冷却强度的提高，碳化物的分布更加均匀，如图 2-15 所示。

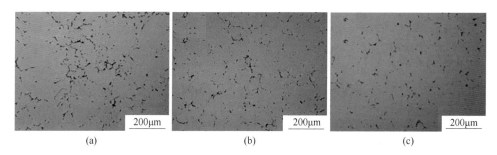

图 2-15　不同冷却强度试样碳化物分布

（a）600L／h；（b）800L／h；（c）1000L／h

2.3 避免钢中碳化物对厨刀性能影响的生产工艺

2.3.1　厨刀用钢中一次碳化物的典型形貌及危害

高品质厨刀用高碳马氏体不锈钢碳、铬含量高，凝固过程中不可避免地会生成大尺寸和形状不规则的一次碳化物，以 8Cr13MoV 为例，凝固组织中一次碳化物形貌如图 2-16 所示。

由图 2-16 可以看出，这些一次碳化物呈块状、棒状和球粒状，在钢中聚集生长到一起。这些一次碳化物在后续轧制过程中可破碎、溶解到钢基体中，但是仍会有一部分残留一次碳化物无法完全溶解，遗留到成品组织中。凝固过程中生成的一次碳化物越多、尺寸越大，残留在成品组织中的一次碳化物就越多。这些残留的一次碳化物破坏金属的连续性，造成应力集中，降低钢材的可加工性能，降低轧制成材率，还有就是形成碳化物消耗了大量碳和铬、钼、钒等合金元素，降低了钢材强韧性耐腐蚀性。此外，厨刀使用过程中，残留的一次碳化物与钢基体结合能力差，会率先脱落，降低其使用性能。

厨刀锋利度测试前后刃口侧面形貌变化如图 2-17 所示。由图 2-17 可知，大尺寸凹坑为一次碳化物脱落导致的，其他大量圆形凹坑为二次碳化物脱落导致的。测试后（使用后）刃口侧面出现的凹坑主要是由于刀刃切割砂纸过程中，砂纸中的碳化硅磨粒使钢中的碳化物破碎或脱落所致。一般碳化物尺寸越大，产生的凹坑也越大。这些凹坑将造成厨刀锋利性能的波动，降低厨刀使用性能，因此，马氏体不锈钢凝固过程中应尽可能减少一次碳化物的生成。

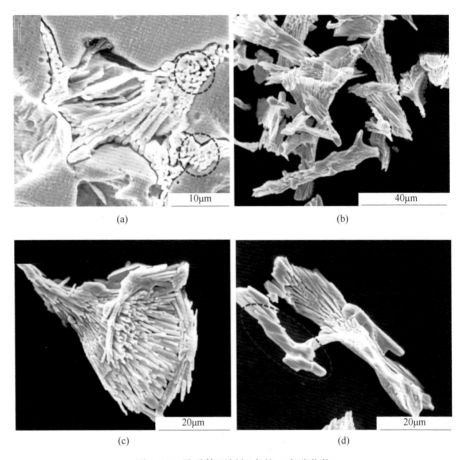

(a)

(b)

(c)

(d)

图 2-16 马氏体不锈钢中的一次碳化物

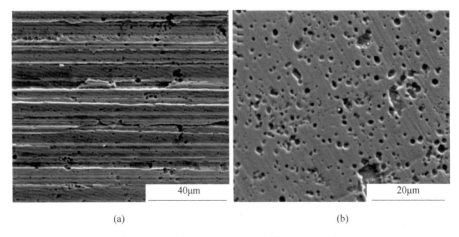

(a)

(b)

图 2-17 锋利度测试前后刃口侧面形貌变化

（a）锋利度测试前；（b）锋利度测试 4 周期后

马氏体不锈钢凝固过程中一次碳化物的生成原因分析如图 2-18 所示。由图 2-18 可知，马氏体不锈钢中一次碳化物生成的根本原因是由其本身的合金成分和合金凝固过程中的选分结晶造成的。其次，马氏体不锈钢凝固工艺也影响一次碳化物的生成，目前工业生产中一次碳化物的控制主要是通过影响外因的方式进行一次碳化物的控制。包括：

（1）采用提供异质形核核心，改善形核条件，细化一次碳化物；

（2）加大冷却强度，控制温度场和元素的浓度梯度，改善枝晶生长条件，降低元素偏析，减少一次碳化物的生成。

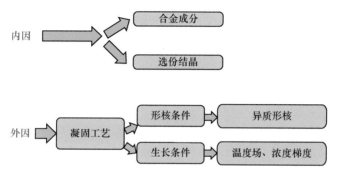

图 2-18　马氏体不锈钢凝固过程中一次碳化物的生成原因分析

2.3.2　粉末冶金工艺

虽然电渣重熔在一定程度上有助于细化钢的显微组织，但由于高的碳含量和合金元素含量，不锈钢中碳化物尺寸较大，导致成品刀具韧性差。20 世纪 70 年代开始采用粉末冶金生产工具钢，以便在凝固过程中提供非常高的冷却速率，产生非常精细的碳化物结构。采用粉末冶金法生产不锈钢克服了传统生产方法成本高、材料利用率低、尺寸精度低等缺点，产品有良好的物理和化学性能。与传统工艺相似，粉末冶金钢的生产从熔化钢开始，接着液态钢被倒入一个"中间包"，通过喷嘴缓慢下降，同时被喷上氮气。气体喷射使细小的钢珠迅速凝固成钢粉，冷却速度极快。

像 Crucible 和 Carpenter 这样的公司使用的原始工艺需要几个步骤倒灌进入中间包，可能导致熔渣滞留在液态钢中。Erasteel 和 Bohler-Uddeholm 建造的新设备采用更大的中间包，采用电渣加热，从而无需再浇铸，进而降低了刀具氧含量。当粉末被雾化后，收集并密封在一个钢罐中，通过"热等静压"（HIP）工序，在压力下加热粉末并形成钢锭，在经过锻造、轧制等工序后加工成刀坯。

M390 钢是采用热等静压工艺生产的马氏体粉末冶金不锈钢，该材料的碳含量与合金含量高，其组织如图 2-19 所示。

图 2-19   M390 粉末钢组织示意图

由图 2-19 可知，经粉末冶金生产的 M390 钢组织细小、成分均匀，克服了合金元素宏观偏析及碳化物分布不均匀的缺点，同时钢中夹杂物大量减少，具有耐磨、抗压、韧性好、强度大、耐腐蚀等优异性能，广泛应用在注塑模具、电子芯片模具、阀体材料以及高品质五金刀剪材料中。

2.3.3 喷射成型工艺

喷射成型是将金属雾化与沉积两个过程合二为一，直接从液态金属制备快速凝固预成型坯件的一种近终形和半固态加工技术。喷射成型原理如图 2-20 所示。

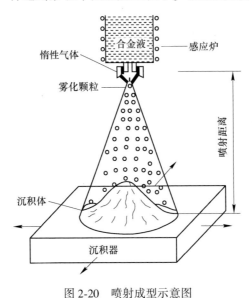

图 2-20   喷射成型示意图

由图 2-20 可知，喷射成型技术原理是熔融态的金属被高速气流雾化为液滴，喷在运动的基底表面，沉积形成大块致密的近终形金属实体。喷射成型技术可分为五个阶段：金属释放阶段、雾化阶段、喷射阶段、沉积阶段以及沉积坯凝固冷却阶段[8]。该技术工序简单、成本低、材料致密度高、含氧量低。钢锭的快速渐进凝固使其凝固速度略慢于粉末冶金，故相比于粉末冶金产品，喷射成型技术会产生较粗的碳化物结构。采用喷射成型技术生产的不锈钢晶粒细小、结构均匀、析出相细小弥散、抗氧化性和耐磨性高。但这项技术在刀具用钢上的应用较少，主要生产是 PSF27、D2 工具钢等。

参 考 文 献

[1] https://max.book118.com/html/2017/0810/127084114.shtm.

[2] 石树东，胡显堂，张虎成，等. 薄板坯连铸保护浇铸工艺研究[J]. 河北冶金，2021(9):5.

[3] 马昆. 连铸工艺参数对高碳连铸坯成分偏析的影响[J]. 中国金属通报，2020(3):2.

[4] Qi Y L, Jia G L, Zhao Y H. Effect of electromagnetic stirring on solidification structure of casting [R]. Journal of Shenyang Institute of Aeronautcal Engineering, 2004.

[5] 赵杨. 中高碳钢连铸板坯中心偏析的控制[J]. 河北冶金，2021(8):47-56.

[6] Ali N, Zhang L, Zhou H, et al. Effect of soft reduction technique on microstructure and toughness of medium carbon steel[J]. Materials Today Communications, 2021, 26: 102130.

[7] Weber V, Jardy A, Dussoubs B, et al. A comprehensive model of the electroslag remelting process: description and validation[J]. Metallurgical and Materials Transactions B, 2009, 40 (3): 271-280.

[8] 李阳，杨滨. 金属雾化喷射沉积技术[J]. 云南大学学报(自然科学版)，2002(S1): 228-235.

3 厨刀用钢的热成型加工技术

3.1 厨刀用钢的热轧开坯工艺

3.1.1 钢锭或电渣锭的开坯工艺

钢锭或电渣锭开坯是为了改善钢组织、消除缺陷，为随后的热处理得到等轴晶组织做铺垫，对炼钢和轧制起到承上启下作用。开坯工艺主要有锻造和轧制两种方法。对于高碳高铬不锈钢而言，开坯时其变形抗力大且变形温度范围较窄，这进一步限制了开坯方法。

热轧开坯工艺是高碳马氏体不锈钢生产中的重要一环，通过热轧，不仅可以使一次碳化物进一步破碎，有利于在后续热处理过程中的溶解，而且热轧工艺还会影响到钢材晶粒大小。开坯前要进行高温扩散退火。

3.1.1.1 高温退火工艺

合金钢的高温扩散退火是指将铸锭加热到固相线温度以下的某一温度进行长时间保温，以减轻或消除铸坯中严重的枝晶偏析和粗大第二相的过程。

高温扩散退火与锻造变形结合使用，可起到以下几点作用：（1）锻前高温扩散退火可以减轻或消除铸锭中的枝晶偏析，提高铸锭的热加工性能；（2）锻后高温扩散退火可以消除锻造变形后产生的纤维状或带状组织，减小锻件的各向异性；（3）锻中高温扩散退火是在锻造的不同火次中间加入高温扩散退火，可减少锻前高温扩散退火的保温时间，并达到均匀化合金元素的目的。

高温扩散退火工艺是厨刀用钢生产过程中极其关键的一道工序，因为它不仅要把钢材均匀加热到规定的温度，为轧制提供良好的组织和塑性条件，而且还要在加热过程中进行扩散退火，降低钢中的树枝状偏析程度，以达到消除碳化物液析、改善碳化物带状和碳化物网状不均匀性的目的。加热温度、加热速度和保温时间是加热过程中的关键工艺参数，它不仅要保证钢锭不过烧，而且还要保证加热过程有良好的扩散退火的效果。

3.1.1.2 锻造开坯工艺

锻造是指对坯料施加外力，使其发生塑性变形，改变尺寸、形状并改善性能，如图 3-1 所示。

图 3-1 锻造加工过程示意图

为了提高金属坯料的塑性，并适当降低其变形抗力，在锻造前一般要将坯料进行加热，故锻造又称为热锻。

根据锻造成型机理，锻造可分为自由锻、模锻、碾环、特种锻造。开坯一般采用自由锻。自由锻是指用简单的通用性工具，或在锻造设备的上下砧铁之间直接对坯料施加外力，使坯料产生变形而获得所需的几何形状及内部质量的锻件的加工方法。采用自由锻方法生产的锻件称为自由锻件。自由锻都是以生产批量不大的锻件为主，采用锻锤、液压机等锻造设备对坯料进行成型加工，获得合格锻件。自由锻的基本工序包括镦粗、拔长、冲孔、切割、弯曲、扭转、错移及锻接等。自由锻采取的都是热锻方式。

锻造工艺流程一般由下料、加热、锻造成型、锻后冷却、酸洗以及锻后热处理组成。

3.1.1.3 轧制开坯工艺

将经加热炉加热的钢锭运送至开坯机前，开坯机咬钢即为轧制开始，开坯机抛钢后，该道次轧制完成，进入下一个道次循环上述过程，直至所需道次均轧制完成。其中，开坯机的主要功能为对加热炉加热的坯料进行多道次轧制，得到尺寸一定的坯料，供后续热轧进一步热轧加工。

3.1.2 热轧和锻造开坯对钢组织的影响

对于高碳合金工模具钢，采用定向凝固电渣重熔工艺或通过降低电渣重熔熔速和增加充填比等方法可以有效减少钢中一次碳化物含量[1,2]，但在电渣重熔过程中完全避免一次碳化物的生成是很难实现的[3-8]，因此需要在后续的加工工序中进一步控制一次碳化物。一般先通过锻造和热轧这两种方法进行开坯，将共晶碳化物打碎并分散到初生奥氏体周围，锻造和热轧开坯对电渣锭组织的影响如图3-2所示。

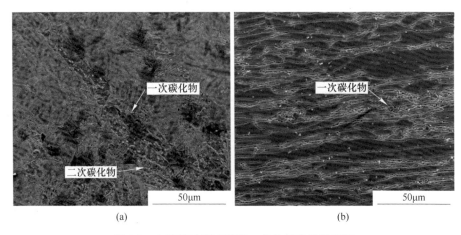

(a)   (b)

图 3-2　电渣锭分别在锻造、热轧后的显微组织

（a）锻造后；（b）热轧后

铸锭锻造后显微组织如图 3-2（a）所示。锻造后一次碳化物在锻造压力的作用下被破碎，沿着一定的方向分布；而且在一次碳化物附近的位置有一定量的二次碳化物析出。由于加热过程中一次碳化物会有少量溶解在周围基体中，造成一次碳化物周围合金元素浓度升高，这些合金元素在冷却过程中以二次碳化物的形式析出。

热轧后的显微组织如图 3-2（b）所示。晶粒被沿着轧制方向拉长，一次碳化物被进一步破碎，尺寸变小。由于轧制为薄板后冷却速度较快，因此组织中二次碳化物析出不明显。

3.1.3　开坯前高温扩散退火工艺对电渣锭中碳化物的影响

以 8Cr13MoV 钢为例，分析开坯前的保温工艺（高温扩散退火工艺）对钢锭中一次碳化物溶解的影响，保温温度为 1180℃，保温时间为 2h。电渣锭不同位置保温前后一次碳化物分布情况如图3-3所示。

由图 3-3 可知，1180℃高温扩散退火 2h 可以使电渣锭中一次碳化物得到有效溶解，棒状的共晶碳化物被溶解分断。由于电渣锭中心处和 0.5c 处原始一次碳化物形貌较为粗大，高温扩散退火对其溶解效率较低；而电渣锭边缘部位一次碳化物原始形貌比较纤细，而且呈棒状结构的较多，块状结构的较少，因此高温扩散退火对一次碳化物溶解效率高。

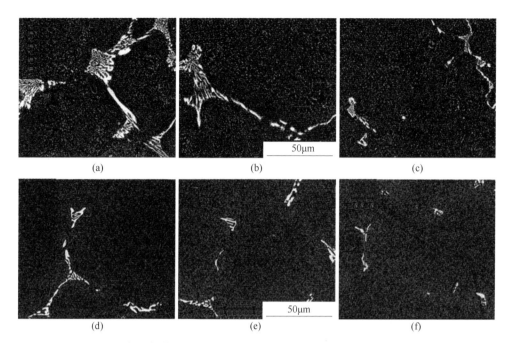

图 3-3 高温扩散退火对电渣锭不同位置一次碳化物溶解情况的影响

(a)（d）高温扩散退火前后电渣锭中心处；（b）（e）高温扩散退火前后
电渣锭 0.5c 处；（c）（f）高温扩散退火前后电渣锭边缘处

电渣锭不同位置高温扩散退火前后一次碳化物统计结果如图 3-4 所示。由图 3-4 可知，电渣锭经过高温扩散退火后，一次碳化物平均含量由 1.37% 降低到 0.66%，各部位一次碳化物溶解率均在 50% 以上。一次碳化物结构纤细化可以使其在高温扩散退火中更好地溶解，因此在电渣重熔工艺中减小金属熔池深度、缩短局部凝固时间、减小二次枝晶间距，使一次碳化物纤细化，是促进一次碳化物在后续热轧工艺中溶解的有效方法。

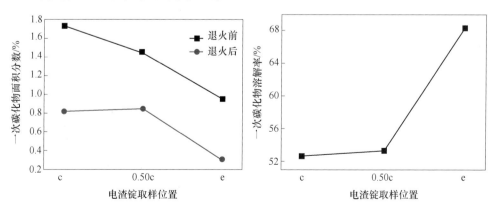

图 3-4 高温扩散退火对电渣锭不同位置一次碳化物含量及溶解率的影响

3.2 厨刀用钢的热轧工艺

3.2.1 连铸坯热轧板卷生产工艺

热轧板卷指的是以初轧板坯或连铸板坯为原料，经步进式加热炉加热后通过粗轧机和精轧机轧制，冷却至一定温度后由卷取机制成的钢带卷。后续可以根据需求不同，经过切头、切尾、切边、矫直、平整等精整处理，再次切板或重卷得到钢板、平整卷及纵切钢带产品。热轧板卷强度高、韧性好、易于加工成型、可焊接性良好。大部分钢材均使用热轧方法进行轧制，但轧制过程中，钢材表面在高温下容易产生氧化铁皮，会使得热轧钢材表面粗糙、尺寸有很大波动。

热轧板卷生产工艺主要有三种：

（1）常规热连轧（图3-5）。它以连铸板坯或初轧板坯作原料，经步进式加热炉加热，高压水除鳞后进入粗轧机，粗轧料经切头、尾，再进入精轧机，实施计算机控制轧制，终轧后即经过层流冷却（计算机控制冷却速率）和卷取机卷取成为直发卷。直发卷的头部和尾部往往呈舌状及鱼尾状，厚度、宽度精度较差，边部常存在浪形、折边、塔形等缺陷。热连轧生产线一般情况下可分为七个区域：加热炉区、粗轧区、热卷箱飞卷区、精轧区、层流冷却区、卷取区、运输区。工艺特点如下：工艺稳定、生产效率高、板坯厚、产品质量高。

图 3-5 常规热连轧示意图

（2）薄板坯连铸连轧。连铸机和轧线在同一生产线上，是实现真正连铸连轧的一种紧凑式带钢生产工艺。依照不同的连铸坯厚度和连铸关键技术、结晶器结构特点，可将薄板坯连铸连轧工艺分为 CSP、ISP、FTSR、CONROLL 及 QSP 等。在我国，大多数薄板坯连铸连轧生产线采用的是 CSP 工艺，如图 3-6 所示。

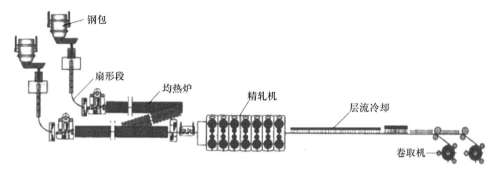

图 3-6　CSP 薄板坯连铸连轧技术

在常规热连轧上，由于铸坯厚度为 150～250mm，变形量大、道次多、轧辊热膨胀大、轧制不稳定等原因，在生产薄规格产品（厚度小于 2.0mm）时对产量影响较大。而 CSP 的产量主要取决于连铸，板坯进轧机时尾部尚在炉内保温，不会产生头尾温差的问题，不需升速轧制，而且开轧温度较高，因而较适应生产薄规格热轧带钢。不采用升速轧制，就不必考虑同步升速所需的动力矩，在一定程度上可以降低轧钢负荷。因此，CSP 轧制薄规格产品具有明显优势。CSP 工艺生产的铸坯薄且冷却速度快，细化了晶粒，降低了元素偏析程度，等轴晶率提高，从而有利于无取向硅钢降低铁损和减弱 Si 高时产品出现的瓦楞状缺陷；均热工艺使板坯纵向温度更均匀，从而可以保证产品性能稳定；该工艺省去了铸坯冷却和再加热的过程，避免了连铸坯冷却和加热过程中可能发生的内部裂纹和断坯造成的质量问题，既节约了能源，还提高了金属收得率（实践证明成材率提高 2%），易于实现低温加热和高温卷取。所以 CSP 具有生产硅钢的天然优势。

（3）炉卷轧机。炉卷轧机又称斯特克尔式轧机（Steckel-mill），是一种钢板轧机，其生产线通常由加热炉、可逆式主轧机、包括卷取机在内的钢板收集系统和其他辅助设备组成，如图 3-7 所示。炉卷轧机的主轧机前后设置有炉内卷取机，在薄规格的卷板的轧制过程中可将钢板卷在炉内保温，以降低轧制中钢板温降速度。

现代炉卷轧机采用了提高中间带坯进精轧机的厚度，在精轧机上采用高的压缩比、提高轧制速度、减少轧制道次、提高卷重、使轧制温度均匀化等新工艺。新设备也应用在现代炉卷轧机的关键部位，主要体现在将轧机允许的最大轧制力加大以及刚度提高，使得轧机弹跳减少；采用带水冷芯轴的预热卷鼓，这种卷鼓

图 3-7　炉卷轧机

表面温度可达 950℃，卷取带钢厚度可达 20mm；采用带有封闭式炉底和新型炉型的卷取炉；采用计算机控制炉内气氛，减少热损和炉内氧化，提高炉温控制精度和均匀分布度。

现代炉卷轧机全面采用了热带钢连轧的新技术，如坯料采用连铸坯或连铸薄板坯；加热炉采用步进式炉；采用了高效的高压水除鳞技术；粗轧机采用带立辊轧边的四辊可逆式轧机；在中间辊道中采用了保温技术；在炉卷轧机后设立了层流冷却系统；在地下卷取机上采用了液压踏步控制系统等。更重要的是炉卷轧机还采用了液压厚度自动控制及板形自动控制等新技术。

尽管现代炉卷轧机做了上述的许多改进，使其功能、质量和技术水平有了明显提高，但限于炉卷轧机自身工艺结构所固有的原因，与现代热连轧生产薄带卷相比，仍存在以下问题：

1）由于板带纵向（特别是头尾）和横向温度不均，而现有的弥补措施又不能从根本上改善，使得其最小轧制厚度受到限制，小于 1.2mm 的带卷生产目前仍难以在炉卷轧机上实现，而现代热连轧技术已可生产出 0.8mm 的热轧带卷。

2）薄带卷的表面质量稍差。这是由于单机架多道次轧制和炉卷内二次氧化皮去除困难所致。尽管采取了改善表面行之有效的在线磨辊和强化除鳞等措施，炉卷轧机生产的薄带卷的表面质量仍比现代热连轧机生产的稍逊。

3）由于炉卷轧机的生产量一般为 100 万吨/年，与生产量高的热连轧相比，在生产薄带卷时其成本也略高一点。

3.2.2　电渣锭热轧板卷生产工艺

3.2.2.1　热轧板卷生产过程中一次碳化物的控制

电渣锭热轧板卷的生产过程主要采取的是常规热连轧工艺。下面以8Cr13MoV 为例，说明 300kg 电渣锭热轧过程中一次碳化物的演变行为。

电渣锭在加热炉中加热到 1200℃ 并保温 2h 后出炉轧制，开轧温度为 900℃左右。经过 7 道次轧制后，将边长为 210mm 的电渣锭轧成 30mm 厚的粗轧板。

开坯后粗轧板中一次碳化物形貌和分布如图 3-8 所示。由图 3-8 可知，在扫描电镜背散射衍射条件下，一次碳化物呈深灰色，基体为浅灰色。电渣锭中原始的一次碳化物多为聚集的棒状，而经过热轧开坯后，一次碳化物被明显地打碎并分散开来，沿轧制方向呈断续的线形排列。

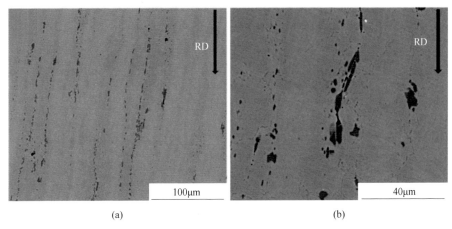

（a）　　　　　　　　　　　　　　　　（b）

图 3-8　热轧粗轧后一次碳化物（RD 代表轧制方向）

（a）1000 倍；（b）3000 倍

在初轧板试样中随机选取了 10 个 1mm² 的视场，利用 Image-Pro Plus 图像分析软件统计了试样中一次碳化物的面积分数。初轧板中的一次碳化物平均面积分数为 2.37%，电渣锭中一次碳化物平均面积分数为 1.37%。根据一次碳化物析出原理可知，一次碳化物产生于钢液凝固过程，热轧开坯过程中不可能有新的一次碳化物生成。热轧开坯后一次碳化物面积分数增加的原因为：电渣锭中的一次碳化物多为聚集状态，而初轧板中一次碳化物在轧制过程中被打碎、延伸和分散，因此初轧板中一次碳化物面积分数有所增加。

热轧前，对锻造和开坯后一定厚度的粗轧板进行高温扩散退火，能够促进一次碳化物溶解。高温扩散退火工艺在改善元素偏析、促进一次碳化物溶解方面具有重要作用[9,10]。

下面以 8Cr13MoV 钢为例，说明热轧前对粗轧板进行高温扩散退火工艺对一次碳化物的影响。8Cr13MoV 开坯后的粗轧板在 1180℃保温 30min 空冷后的金相组织及其 XRD 衍射图谱如图 3-9 所示。图中黑白相间的针状组织为马氏体，较为平整的灰黄色组织为残余奥氏体，晶界位置分布着许多已经破碎的一次碳化物。

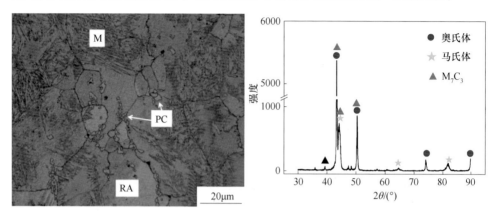

图 3-9　8Cr13MoV 开坯后的粗轧板高温扩散 30min 后金相组织及其 XRD 图谱
（M、RA、PC 依次代表马氏体、残余奥氏体和 M_7C_3 型一次碳化物）

由图 3-9 可知，高温扩散退火 30min 后粗轧板中残余奥氏体含量很高。根据国标 GB 8362—87 中残余奥氏体含量测定方法计算可得，此时残余奥氏体含量为 57.5%。由晶粒中心到边缘，奥氏体中的碳含量和合金元素含量逐渐升高。碳和合金元素含量的升高可以提高过冷奥氏体的稳定性，使 C 曲线右移。因此，残余奥氏体产生的原因主要是靠近晶界区域碳和合金元素富集，导致该区域奥氏体稳定性较高，在冷却过程中未发生马氏体转变。钢材高温扩散退火后空冷的过程中，碳含量低的区域转变成马氏体，碳含量高的区域形成残余奥氏体保留到室温。

8Cr13MoV 粗轧板加热到 1180℃高温扩散退火不同时间后，其金相组织如图 3-10 所示。

(a)　　　　　　　　　　　　　　　(b)

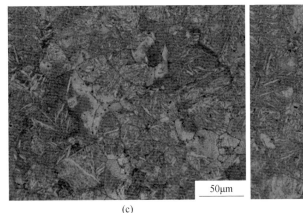

(c)   (d)

图 3-10   8Cr13MoV 粗轧板高温扩散退火后金相组织

（a）30min；（b）60min；（c）90min；（d）120min

由图 3-10 可知，高温扩散退火 30min 和 60min 时，金相组织变化不大，微观组织中残余奥氏体含量较高；当保温时间达到 90min 时，微观组织中残余奥氏体含量明显减少；保温时间为 120min 时，残余奥氏体含量已经降低到 5% 以下。残余奥氏体含量的降低表明钢中碳和合金元素富集区域减少，碳和合金元素分布趋于均匀化。碳和合金元素均匀化分布也可以避免碳偏析而导致的碳化物偏聚现象，有利于后续球化退火工艺中获得均匀分布的二次碳化物。

8Cr13MoV 粗轧板在 1180℃ 高温扩散退火过程中一次碳化物的溶解进程如图 3-11 所示。电渣重熔过程中生成的一次碳化物大多分布在晶界上，热轧开坯过程把位于晶界处呈盘曲、棒状结构的一次碳化物打碎并分散到晶界周围。高温扩散退火保温 30min 时，晶界处的一次碳化物含量仍然较多，一次碳化物呈块状或小颗粒状聚集在晶界周围；保温 60min 时，距离晶界较远的一次碳化物发生大量溶解，晶界位置的一次碳化物无明显变化；保温 90min 时，晶界处一次碳化物发生溶解，尺寸和数量均减小；保温 120min 时，大部分一次碳化物都已溶解，仅在晶界处残留少量一次碳化物。

由于在钢液凝固过程中奥氏体形核后逐渐长大，故晶界处是最后凝固的区域。晶粒中心位置形成的奥氏体中合金元素含量是最低的，而最后生成的奥氏体中碳、铬等合金元素含量是最高的。因此，被打碎并分散到远离晶界位置的一次碳化物跟周围基体之间碳、铬等元素浓度梯度更大，在高温扩散退火过程中一次碳化物中碳、铬等元素向基体中扩散速度更快。因此，高温扩散退火过程中，远离晶界的一次碳化物优先溶解，随着保温时间的延长，处于晶界位置的一次碳化物才逐渐溶解。

利用图像分析软件统计了高温扩散退火保温时间对钢中一次碳化物含量的影响，结果如图 3-12 所示。

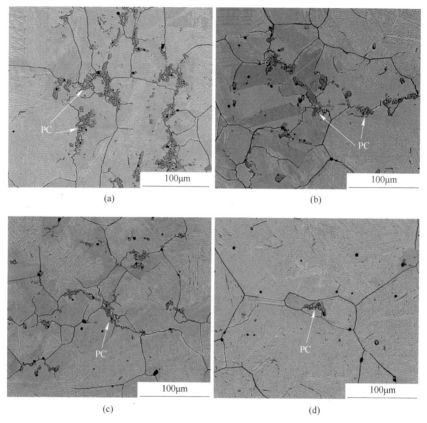

图 3-11　8Cr13MoV 粗轧板 1180℃高温扩散退火过程中一次碳化物溶解进程

(PC 代表一次碳化物)

（a）保温 30min；（b）保温 60min；（c）保温 90min；（d）保温 120min

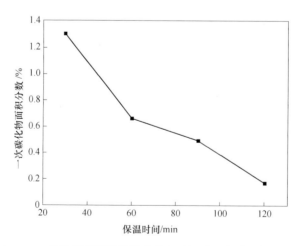

图 3-12　8Cr13MoV 粗轧板高温扩散退火保温时间对一次碳化物面积分数的影响

由图 3-12 可知，8Cr13MoV 粗轧板中一次碳化物面积分数随着高温扩散退火保温时间的延长呈明显减少的趋势。粗轧板中原始的一次碳化物面积分数为 2.37%，经过高温扩散退火 120min 后，一次碳化物面积分数减少到 0.17%，一次碳化物去除效率达到 92.8%，可见粗轧板高温扩散退火工艺对于一次碳化物的溶解去除具有重要的意义。

高温扩散退火可以使电渣锭中一次碳化物含量降低 52%，而利用相同工艺对热轧板进行高温扩散退火，一次碳化物含量降低了 92.8%。可见，对热轧板进行高温扩散退火，一次碳化物的去除效率更高。其原因主要为：电渣锭中一次碳化物存在的原始位置处，碳和合金元素含量较高，高温扩散退火时元素浓度梯度较小，一次碳化物溶解较为缓慢；开坯后一次碳化物被打碎并分布到碳和合金元素含量较低的奥氏体周围，此时一次碳化物与周围基体的元素浓度梯度较大，在加热保温过程中更有利于元素的扩散。

3.2.2.2 热轧板卷生产过程中质量及缺陷控制

热轧板卷常见的质量缺陷及控制方法如下：

（1）麻面：调整除鳞时序，检查轧辊表面，加强点检力度；

（2）机械类损伤：合理的侧导板开度，优化平整机开卷卷取速度，清除输出辊道上异物；

（3）压痕：检查更换轧辊，检查夹送辊及助卷辊辊面状态，检查夹送辊磨损情况；

（4）鼓棱：检查工作辊冷却水嘴，检查夹送辊和助卷辊辊面，采用合理的板形控制手段及轧制计划；

（5）板形缺陷：提高板坯质量，调整加热制度，控制保温时间，制定合理轧制计划；

（6）折叠：优化导板力控参数，优化侧导板的更换周期，选择合适的补焊材料，保证良好的头尾形状；

（7）卷形缺陷：控制板形质量，调整轧机变形参数，合理设定侧导板的开度值和时序，优化夹送辊压力和卷取张力。

工业生产时对不锈钢表面质量要求严格，故在板坯加热、运输和轧制过程中，要防止表面划伤。由于不锈钢加工温度范围窄、变形抗力大、加工硬化程度高、对于轧件温度不均匀十分敏感，所以要在轧制速度、压下制度、粗精轧负荷分配、高压水除鳞、轧辊冷却、带钢冷却和带钢卷取等方面采取相应的措施。

3.2.3 热轧工艺对组织及碳化物的影响

热轧工艺对产品的质量要求如下：（1）尺寸精度高。板带钢一般厚度小、宽度大。厚度的微小波动将引起使用性能和金属消耗的巨大变化，板带必须具备高精度尺寸。（2）无板形缺陷。板带越薄，对变形不均的敏感性越大，用户要求板形平坦、无浪形、无瓢曲。（3）保证表面质量。板带表面不得有气泡、结疤、拉裂、刮伤、折叠、裂缝、夹杂和氧化铁皮压入。（4）具备优良性能。板带钢的性能要求主要包括机械性能、工艺性能和某些铜板的特殊物理或化学性能。

热轧工艺是厨刀用钢生产中的重要一环，在这个工序中，可以利用外力作用使一次碳化物进一步破碎，有利于一次碳化物在后续的热处理中被溶解，对防止冷轧开裂具有重要意义。此外，热轧过程的工艺参数还会影响到晶粒的大小，影响材料的力学性能。下面以 8Cr13MoV 为例，说明热轧工艺对其组织的影响。

3.2.3.1 开轧温度对热轧板组织的影响

不同的开轧温度对 8Cr13MoV 热轧板组织及碳化物的影响如图 3-13 所示。由图 3-13 可知，随着开轧温度降低，晶粒拉长程度更加明显。开轧温度越高，材料组织的动态再结晶程度也越高。对比组织中碳化物发现，开轧温度越高碳化物尺寸越大。

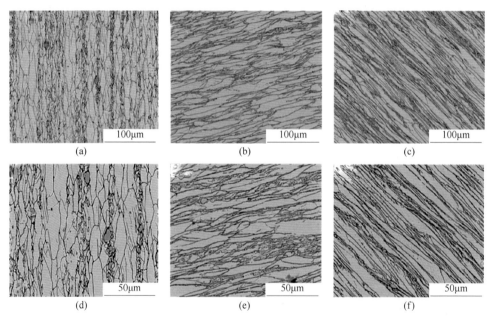

图 3-13　不同开轧温度下 8Cr13MoV 组织
(a) (d) 1200℃；(b) (e) 1100℃；(c) (f) 900℃

用专门腐蚀碳化物的方法对试样进行腐蚀，光镜下得到如图 3-14 所示的组织。由图 3-14 可以看出，随着开轧温度降低，碳化物的数量也有所降低，用图像处理软件对碳化物的体积分数进行统计。结果显示，开轧温度为 1200℃、

1100℃和900℃时碳化物体积分数依次为2.36%、1.50%和1.13%。由于轧制过程很快,只有足够小的碳化物才能完全溶解,故一次碳化物向基体中溶解非常有限。温度对应力影响非常显著,变形温度越低变形应力就越高,这种应力会通过基体组织作用在碳化物上,应力越高越有助于碳化物的破碎。所以,较高轧制温度对碳化物的破碎没有积极作用;相反,降低轧制温度有利于碳化物破碎以及碳化物向基体内溶解。

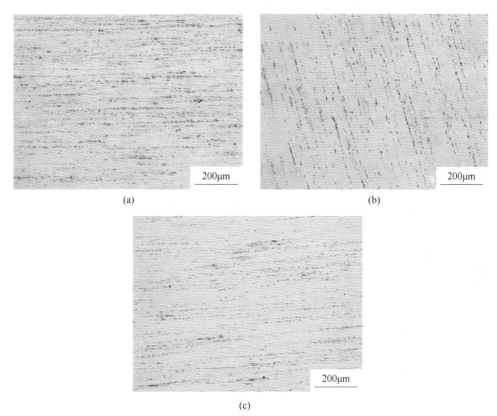

(a) (b)

(c)

图 3-14 不同开轧温度下 8Cr13MoV 碳化物分布
(a) 1200℃;(b) 1100℃;(c) 900℃

3.2.3.2 终轧温度对热轧板组织的影响

终轧温度对热轧板组织及碳化物的影响如图 3-15 所示。由图 3-15 可知,随着终轧温度的降低,组织中晶粒明显被拉长,晶粒的大小更加不均匀,碳化物周围的晶粒越细小,形状更加不规则,如图 3-15 (d)~(f) 所示。终轧温度最低的钢材晶界被腐蚀得最严重,尤其是碳化物周围,这说明碳化物周围存在更多缺陷,这些缺陷是由于终轧温度低,没有在冷却过程中得到充分的回复。当终轧温度高时,这些缺陷可以在静态再结晶和回复过程中得以消除。碳化物周围细碎的晶粒也通过再结晶得以长大。如图 3-15（e）中所示，一些晶粒已经通过再结晶长大将一次碳化物包裹在其中。

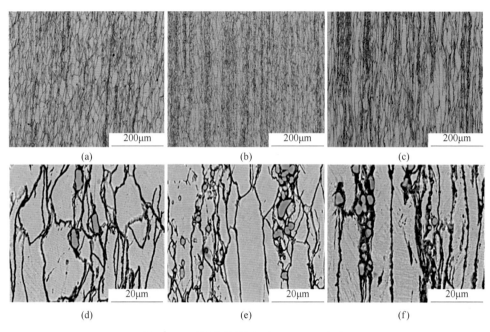

图 3-15　不同终轧温度下 8Cr13MoV 组织

（a）（d）900℃；（b）（e）800℃；（c）（f）700℃

对碳化物腐蚀的光镜照片如图 3-16 所示。可以看出，随着终轧温度的降低，碳化物破碎后的粒度也降低。用图像处理软件对碳化物的尺寸进行统计，终轧温度分别为 900℃、800℃和 700℃时单个碳化物的平均面积分别为 $12.67\mu m^2$、$9.14\mu m^2$ 和 $9.11\mu m^2$。终轧温度越高，组织中碳化物的粒度越高，这与开轧温度对碳化物的影响机理是一样。

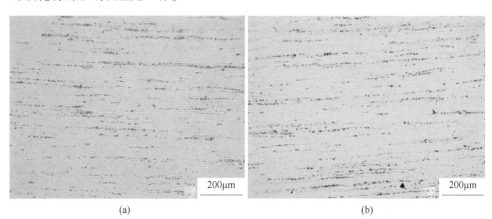

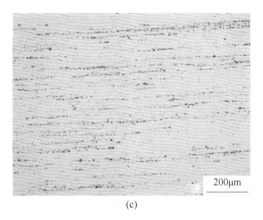

(c)

图 3-16 不同终轧温度下 8Cr13MoV 碳化物分布

(a) 900℃；(b) 800℃；(c) 700℃

虽然较低的终轧温度有利于碳化物破碎，但是终轧温度低，位错运动受到碳化物阻碍产生缺陷越难回复，碳化物与基体的结合就会变弱。所以在厨刀用钢实际生产过程中，如果终轧温度控制过低，可能会导致热轧板边部开裂或者内部的微裂纹，影响产品的成材率，而且温度降低后，所需要的轧制力也会加大，对设备能力也有一定要求。基于这种情况需要兼顾生产过程的成材率，在不降低成材率并且设备能力允许的情况下适当降低终轧温度。

3.2.3.3 热轧结束后热轧板卷中的一次碳化物

将厚度为 30mm 的粗轧板加热到 1180℃保温 30min 后出炉轧制，开轧温度为 900℃左右，经过 7 道次轧成厚度为 3.5mm 的精轧板。精轧板中的一次碳化物形貌和分布如图 3-17 所示。

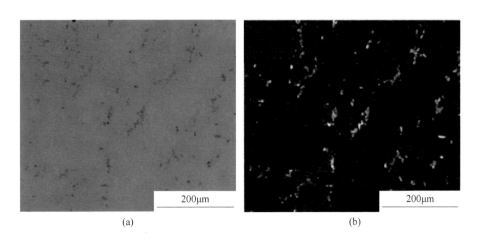

(a)   (b)

— 71 —

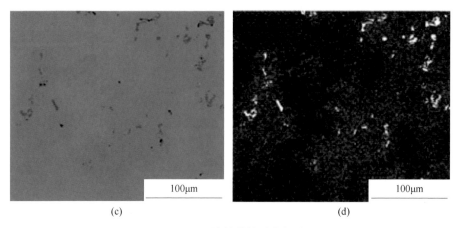

图 3-17　热轧精轧碳化物

（a）500 倍视场下的一次碳化物；（b）利用图像处理软件识别并反向显示的（a）中一次碳化物；
（c）1000 倍视场下的一次碳化物；（d）利用图像处理软件识别并反向显示的（c）中一次碳化物

由图 3-17 可知，相比于粗轧板，热轧精轧后钢中一次碳化物分布更加离散化，沿轧制方向分布的特点已基本消失。此时一次碳化物平均面积分数为1.30%，与初轧板相比减少了 45%。由此可知，热轧精轧前的加热和保温过程有利于一次碳化物的扩散溶解。

3.3　厨刀用钢的锻造成型工艺

不锈钢锻造成型能够消除冶炼过程中产生的铸态疏松等缺陷，获得更好的组织结构，锻件的机械性能一般都好于相同材料制成的铸件。由于不锈钢中铬、镍含量高，导致不锈钢导热性能差、锻造温度范围窄、过热敏感性强、高温下压力大以及塑性差等缺点，会给锻造成型工艺带来诸多困难。马氏体不锈钢锻件的主要缺陷有锻造裂纹、冷却裂纹、组织粗大、低倍粗晶以及应力腐蚀裂纹。

对于马氏体不锈钢的锻造成型工艺要注意如下几点[11]：

（1）选择合适的锻造温度。合理的锻造温度能够使金属在一定范围内有较高的塑性和较小的变形抗力，锻件具有理想的组织和性能。马氏体不锈钢加热温度过高会出现高温铁素体，使不锈钢塑性降低，因此，马氏体不锈钢始锻温度一般为 1100~1150℃。终锻温度不宜过低，过低的温度容易产生锻造裂纹。具体终锻温度要依据碳含量来确定。

（2）合理的加热温度及时间。由于马氏体不锈钢导热性较差，为避免坯料开裂，坯料入炉温度应低于 400℃，温度达到 850℃以前应缓慢加热，之后快速加热至始锻温度。锻件在高温区停留时间不能过长，否则会导致过氧化、元素贫化以及晶粒粗化。

（3）合理的锻造操作。在 900~950℃ 要避免重击，防止破裂。锻造比一般为2~3，终锻变形量大于 12%~20%。马氏体不锈钢对于表面裂纹十分敏感，若表面存在划伤，会在锻造过程中扩展成裂纹，应在锻造前加工去除。

（4）合理的锻后冷却方式。冷却速度对于马氏体不锈钢十分重要，若采取空冷，会出现马氏体及碳化物组织，使锻件存在热应力、组织应力及残余应力，容易导致表面裂纹。马氏体不锈钢锻后应采用缓冷方式，一般在热砂中冷却或坑冷。

（5）合理的锻后热处理工序。冷却后要及时进行软化，即将锻件加热至退火温度以上，使得析出的少量碳化物溶于奥氏体，经过保温缓冷，可以降低锻件表面硬度，最终达到消除内应力，降低硬度，便于机械加工的目的。马氏体不锈钢使用前，要经过淬火+回火处理。锻件酸洗要在回火后，以避免产生龟裂。

3.4 高品质厨刀用钢的一次碳化物原位转变

目前，对于碳含量低于 0.8% 的高碳马氏体不锈钢，其中的一次碳化物可以通过高温扩散退火的方式大量溶解。但对于碳含量高于 0.8% 的高碳马氏体不锈钢，其一次碳化物析出温度已接近钢材的固相线温度，一次碳化物溶解区间较窄，这造成该类钢种的成品组织中必然会残留大量形状不规则的一次碳化物，降低厨刀的使用寿命。基于此，开发出原位转变工艺，使得高温下难以溶解的共晶碳化物转变为低温下易破碎和溶解的二次碳化物，实现高品质高碳马氏体不锈钢的生产。

3.4.1 进行一次碳化物原位转变的原因

为消除马氏体不锈钢中大尺寸 M_7C_3 碳化物对钢材性能产生的不利影响，可以对马氏体不锈钢成分进行调整，结合原位转变工艺，将高温下难以溶解的 M_7C_3 碳化物转变成易破碎且高温下易溶解的 $M_{23}C_6$ 碳化物，为热轧开坯过程中碳化物的充分破碎和高温扩散退火过程中碳化物的完全溶解奠定基础。

图 3-18 所示为铸态高碳马氏体不锈钢 10Cr15Mo4VCo 中的一次碳化物。在图 3-18（a）和（b）中观察到两种类型的碳化物。根据图 3-18（c）可知，图 3-18（b）中的白色碳化物为富钼碳化物，而灰色碳化物为富铬碳化物。

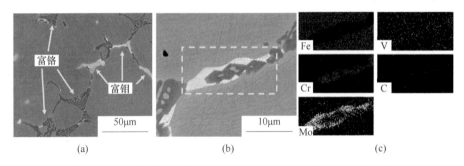

图 3-18 高碳马氏体不锈钢 10Cr15Mo4VCo 铸态组织中的碳化物

利用 Thermo-Calc 模拟了 10Cr15Mo4VCo 钢非平衡凝固过程中的相析出顺序，结果如图 3-19 所示。由图 3-19 可以看出，凝固过程中，δ-Fe 首先从液相中结晶析出，当体系固体分数提高到 0.17 时，体系温度降至 1387℃，发生包晶反应，δ-Fe 和液相生成 γ-Fe。随着体系的固体分数增加到 0.79 时，温度降至 1252℃，M_7C_3 碳化物从残余液体中析出。当固体分数达到 0.96 时，M_2C 析出。凝固结束时，铸态组织由 γ-Fe、M_7C_3 碳化物和 M_2C 碳化物组成。

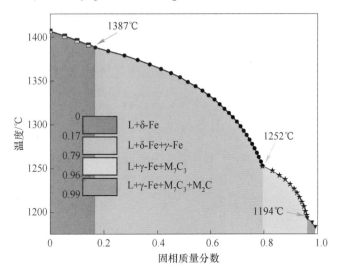

图 3-19 高碳马氏体不锈钢 10Cr15Mo4VCo 非平衡析出相性质

图 3-18 所示的铸态组织中碳化物主要为白色的富钼碳化物和灰色的富铬碳化物。结合图 3-19 的非平衡凝固性质以及各相合金元素比例可以判断，灰色富铬碳化物为 M_7C_3，白色富钼碳化物为 M_2C。本书中主要讨论 M_7C_3 一次碳化物的转变情况，M_2C 碳化物暂不涉及。

高碳马氏体不锈钢 10Cr15Mo4VCo 平衡析出相性质图如图 3-20 所示。由图 3-20

可以看出，M_7C_3 碳化物存在的温度范围为 1000~1254℃，而该钢种固相线仅 1250℃，因此，大尺寸一次碳化物在常规热加工和热处理过程中难以溶解，最终遗留到成品组织中，危害成品钢材的加工和使用性能。

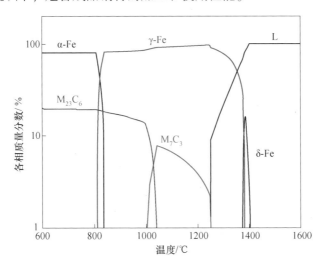

图 3-20　高碳马氏体不锈钢 10Cr15Mo4VCo 平衡析出相性质

因此，采用原位转变将难溶解的大尺寸 M_7C_3 碳化物转变为易破碎易溶解的 $M_{23}C_6$ 碳化物，为后续大尺寸碳化物的溶解奠定基础。

$M_7C_3 \rightarrow M_{23}C_6$ 原位转变指的是，在一定的温度下，$M_{23}C_6$ 碳化物在 M_7C_3/Matrix 界面上形核、长大，形成 M_7C_3-$M_{23}C_6$ 核壳结构。其中，核壳结构中 M_7C_3 核心尺寸随着保温时间的延长逐渐减小，原位转变后的双层结构更容易破碎。

原位转变前一次碳化物的 SEM 图像、EBSD 相分布和相应的相取向如图 3-21 所示。由图 3-21 可以看出，铸态 10Cr15Mo4VCo 钢中的一次碳化物为 M_7C_3 碳化物。整体块状 M_7C_3 碳化物和纤维状碳化物只有一个取向，图 3-21（a）~（c）同样证实了这些现象。

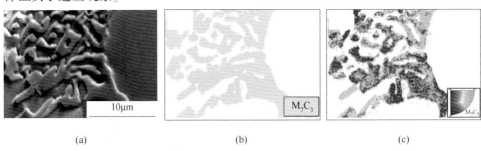

(a)　　　　　　　　(b)　　　　　　　　(c)

图 3-21　高碳马氏体不锈钢铸态组织中一次碳化物的 EBSD 结果

3.4.2 一次碳化物原位转变分析

温度 1000℃ 下热处理 1h，高碳马氏体不锈钢中块状碳化物和纤维状碳化物由数十个具有不同取向的 $M_{23}C_6$ 碳化物颗粒组成，如图 3-22 所示。

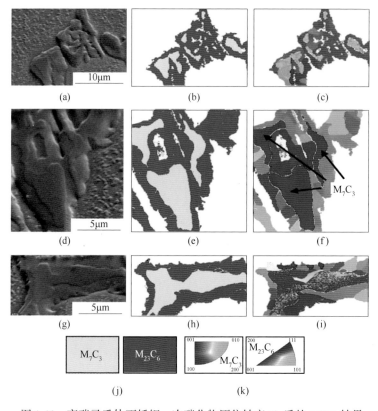

图 3-22　高碳马氏体不锈钢一次碳化物原位转变 1h 后的 EBSD 结果

由图 3-22（a）（d）（g）可知，1000℃ 温度下热处理 1h 后，M_7C_3 碳化物呈现出核壳结构。对碳化物做相应的 EBSD 分析（图 3-22（b）（e）（h））表明，碳化物的外壳为 $M_{23}C_6$，核心为 M_7C_3 型。同时，图 3-22（c）（f）（i）中的方向图显示 M_7C_3 核心的方向都相同，而 $M_{23}C_6$ 则不同。例如，在图 3-22（f）中，3 个 M_7C_3 核心全部为蓝色，而 $M_{23}C_6$ 具有多种颜色，这表明 3 个 M_7C_3 核心具有相同的方向，而 $M_{23}C_6$ 具有多个方向。具有相同取向的 M_7C_3 核心表明，它们源自铸态钢中的完整碳化物晶粒。在 1000℃ 的热处理过程中，几个 $M_{23}C_6$ 碳化物颗粒在 M_7C_3/Matrix 界面上形核，消耗 M_7C_3 碳化物，并形成具有不同取向的碳化物外壳。

图 3-23 所示为原位转变前后一次碳化物的 SEM 图像、EBSD 相分布和相取向图。

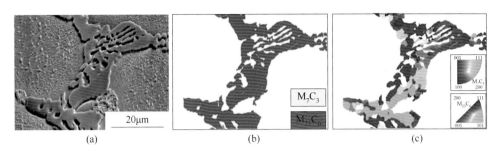

图 3-23　高碳马氏体不锈钢一次碳化物原位转变 7h 后的 EBSD 结果

一次碳化物的核壳结构在 1000℃ 下热处理 7h 后消失，如图 3-23（a）所示。图 3-23（b）中的 EBSD 分析证实一次 M_7C_3 碳化物完全转变为 $M_{23}C_6$ 碳化物，图 3-23（c）中取向图表明 $M_{23}C_6$ 碳化物由几十个具有不同取向的晶粒组成。大块碳化物以前是铸态 10Cr15Mo4VCo 钢中具有相同取向的单个 M_7C_3 碳化物颗粒，转变为数十个具有不同取向的 $M_{23}C_6$ 碳化物颗粒。

图 3-24 所示为 1000℃ 热处理期间核壳的生成、演变和消失。由图 3-24 可以看出，富铬 M_7C_3 碳化物是均匀的。在 1000℃ 下热处理 1h 后，均匀碳化物转变为核壳结构。随着热处理时间的增加，碳化物核心的尺寸稳步减小。在 1000℃ 下热处理 7h 后碳化物核心消失，核壳结构转变为均匀结构。

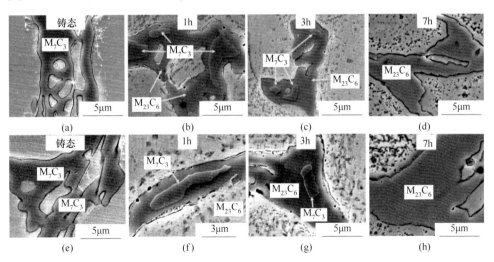

图 3-24　原位转变过程核壳结构的演变过程

EBSD 相鉴定结果显示，铸态组织中这些大尺寸碳化物类型为 M_7C_3，整个碳化物由 2~3 个碳化物晶粒聚合而成。而热处理 1h 后，大尺寸碳化物产生了核壳结构，核心是 M_7C_3，而外层包裹着 $M_{23}C_6$ 碳化物。原位转变 7h

后，大尺寸 M_7C_3 碳化物完全转变成 $M_{23}C_6$ 碳化物，且 $M_{23}C_6$ 碳化物取向较多，这意味着原本取向差异较小的 M_7C_3 一次碳化物转变成了取向较多的 $M_{23}C_6$ 碳化物。

核壳结构的成分变化如图 3-25 所示。核壳结构的线扫描结果如图 3-25（a）所示。核心碳化物的铬含量高于壳部碳化物，而铁含量则相反，钼、钒和碳含量变化不大。这两种碳化物的成分如图 3-25（b）所示。在 M_7C_3 到 $M_{23}C_6$ 的原位转化过程中，铬元素质量分数从 0.515% 降低到 0.420%，碳元素质量分数从 0.084% 降低到 0.052%，铁元素质量分数从 0.292% 提高到 0.408%，钼元素质量分数变化不大。

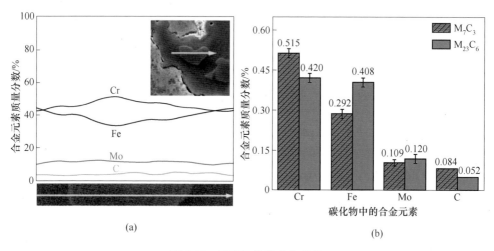

图 3-25　核壳结构的成分变化

3.4.3　原位转变过程碳化物形貌及体积分数变化

原位转变过程碳化物的三维形貌如图 3-26 所示。

由图 3-26（a）~（d）可知，铸态 10Cr15Mo4VCo 钢中的枝晶间 M_7C_3 一次碳化物由多个碳化物颗粒组成。碳化物颗粒可以表现出多种形态，包括块状、纤维状和球粒状。图 3-26（e）~（i）表明，热处理 10Cr15Mo4VCo 钢中的枝晶间 M_7C_3 一次碳化物仍然由块状、纤维状和球粒状碳化物组成。然而，原位转变改变了这些碳化物颗粒的精细形貌。转变之前，块状碳化物颗粒相对平坦。温度 1000℃ 下热处理 1h 后，块体的碳化物颗粒变得不规则。在碳化物表面上有多条类似"晶界"的边界线。温度 1000℃ 下热处理 7h 后，边界加深，块状碳化物分离许多部分。小尺寸碳化物块为单个晶粒，原位相同取向的大尺寸 M_7C_3 碳化物块变为不同取向的小尺寸 $M_{23}C_6$ 碳化物块。同样，铸态钢中的纤维状碳化物具有平边，但在热处理钢中变得不均匀。1000℃ 下的热处理对球粒状碳化物的形态

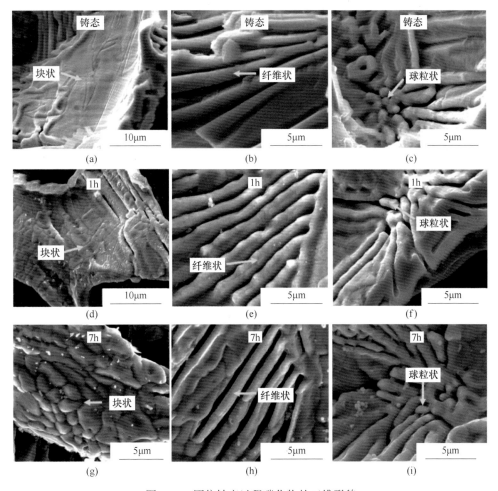

图 3-26 原位转变过程碳化物的三维形貌

没有明显的影响。

原位转变过程 M_7C_3、$M_{23}C_6$ 碳化物体积分数的变化如图 3-27 所示。由图 3-27 可知，随着原位转变时间的延长，M_7C_3 碳化物体积分数快速降低，$M_{23}C_6$ 体积分数快速增加，且总体积分数呈现增加趋势。原位转变过程中碳化物成分也有明显的变化，核心 M_7C_3 碳化物铬含量较高，而外层 $M_{23}C_6$ 碳化物铬含量较低。

考虑到 M_7C_3 和 $M_{23}C_6$ 碳化物合金元素含量不同，因此，原位转变过程的稳定进行需要依赖合金元素在 $M_{23}C_6$ 壳中的扩散。1000℃下碳、铬元素在 γ-Fe 和 $M_{23}C_6$ 中的扩散系数（D）和扩散距离（L）见表 3-1。

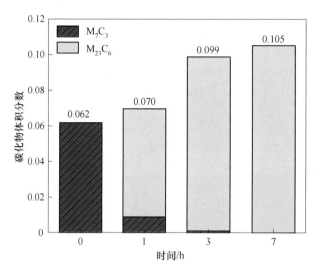

图 3-27　原位转变过程 M_7C_3、$M_{23}C_6$ 碳化物体积分数

表 3-1　1000℃下碳、铬元素在 γ-Fe 和 $M_{23}C_6$ 中的扩散系数 D 和扩散距离 L [12,13]

项目	$D(1000℃)/m^2 \cdot s^{-1}$	$L_{1h}/\mu m$	$L_{7h}/\mu m$
γ-Fe 中的碳	1.94E-11	264.100	698.742
$M_{23}C_6$ 中的碳	1.24E-16	0.668	1.767
γ-Fe 中的铬	2.72E-17	0.313	0.828
$M_{23}C_6$ 中的铬	9.16E-23	0.001	0.002

注：$L = Dt/2$。

由表 3-1 可以看出，1000℃下，铬原子在 $M_{23}C_6$ 相中是几乎无法扩散的，而碳原子是可以扩散的，即原位转变的持续进行需要依赖于碳原子从核心 M_7C_3 向基体的扩散，而铬原子维持原位不动。通过计算发现，基于碳原子的扩散，原位转变前后的 M_7C_3 和 $M_{23}C_6$ 体积相差很小。研究发现，碳化物总体积明显增加，且碳化物也出现了粗化的形貌。由表 3-1 可知，1000℃下，铬原子和碳原子在奥氏体中都能够有效扩散。因此，这些额外的 $M_{23}C_6$ 碳化物来源为基体合金元素向碳化物表面的扩散。基于以上研究结果，提出了 $M_7C_3/M_{23}C_6$ 原位转变的机理，如图 3-28 所示。

由图 3-28 可知，1000℃保温初期，$M_{23}C_6$ 碳化物在 M_7C_3 碳化物表面形核。随着保温时间的延长，$M_{23}C_6$ 碳化物快速生长和粗化，并完全消耗掉 M_7C_3 核心。

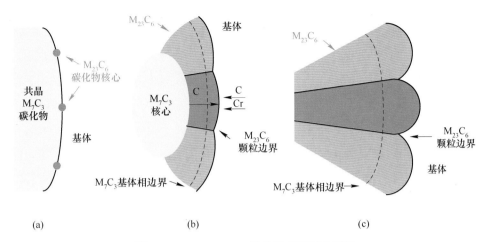

图 3-28 $M_7C_3/M_{23}C_6$ 原位转变机理示意图

参 考 文 献

[1] 朱勤天. 8Cr13MoV 钢碳化物控制及对刀具锋利性能的影响[D]. 北京: 北京科技大学, 2018.

[2] Yu W T, Li J, Shi C B, et al. Effect of electroslag remelting parameters on primary carbides in stainless steel 8Cr13MoV[J]. Materials Transactions, 2016, 57(9): 1547-1551.

[3] Zhu Q T, Li J, Shi C B, et al. Effect of electroslag remelting on carbides in 8Cr13MoV martensitic stainless steel[J]. International Journal of Minerals, Metallurgy and Materials, 2015, 22(11): 1149-1156.

[4] 初伟, 谢尘, 吴晓春. 电渣重熔高速钢共晶碳化物控制研究[J]. 上海金属, 2013, 35(5): 23-26.

[5] 姜周华. 电渣冶金的最新进展与展望[C]//2014 年全国特钢年会, 天津, 2014.

[6] 占礼春, 迟宏宵, 马党参, 等. 电渣重熔连续定向凝固 M2 高速钢铸态组织的研究[J]. 材料工程, 2013(7): 29-34.

[7] 姜周华, 李正邦. 电渣冶金技术的最新发展趋势[J]. 特殊钢, 2009, 30(6): 10-13.

[8] Qi Y F, Li J, Shi C B, et al. Effect of directional solidification of electroslag remelting on the microstructure and primary carbides in an austenitic hot-work die steel[J]. Journal of Materials Processing Technology, 2017, 249: 32-38.

[9] 陈柯勋, 王晓毅, 王飞. 高温扩散时间对4Cr5MoSiV1钢组织及共晶碳化物的影响[J]. 热加工工艺, 2018, 47(20): 239-242.

[10] 逯志方, 苑希现, 王伟, 等. 高温扩散对轴承钢低倍组织和碳化物不均匀性的影响[J]. 钢铁研究学报, 2017, 29(2): 144-149.

[11] 刘俊良, 刘社琴. 马氏体不锈钢的锻造[J]. 金属加工(热加工), 2010(19): 42,44.

[12] Choudhary S K, Ghosh A. Mathematical model for prediction of composition of inclusions formed

during solidification of liquid steel[J]. ISIJ International, 2009, 49(12): 1819-1827.

[13] Wang M S, Flahaut D, Zhang Z, et al. Primary carbide transformation in a high performance micro-alloy at 1000 degrees C[J]. Journal of Alloys and Compounds, 2019, 78: 751-760.

4 厨刀用钢的冷加工技术

4.1 厨刀用钢的球化退火工艺

4.1.1 球化退火的工艺特点

冷加工与退火工艺是控制大尺寸二次碳化物尺寸和数量的核心环节。球化退火主要用于过共析的碳钢及合金工具钢（如制造刃具、量具、模具所用的钢种），主要目的在于降低硬度，改善切削加工性，并为以后淬火做好准备。这种工艺有利于塑性加工和切削加工，还能提高机械韧性。对于轴承钢，如在淬火前实施球化退火，可以实现淬火效果均一、减少淬火变形、提高淬火硬度、改善工件切削性能、提高耐磨性和抗点蚀性等轴承性能；对于工具钢，如在淬火前实施球化退火，可以实现淬火效果均一，抑制淬裂和淬弯等现象，提高耐磨性、刀刃锋利度及使用寿命。

球化退火主要适用于共析钢和过共析钢，如碳素工具钢、合金工具钢、轴承钢等。这些钢经轧制、锻造后空冷，所得组织是片层状珠光体与网状渗碳体。这种组织硬而脆，不仅难以切削加工，且在以后淬火过程中也容易变形和开裂。经球化退火的组织是球状珠光体组织，其中的渗碳体呈球状颗粒，弥散分布在铁素体基体上，和片状珠光体相比，不但硬度低，便于切削加工，而且在淬火加热时奥氏体晶粒不易长大，冷却时工件变形和开裂倾向小。另外对于一些需要改善冷塑性变形（如冲压、冷镦等）的亚共析钢，有时也可采用球化退火。

球化退火加热温度为 $A_{c1}+20\sim40℃$ 或 $A_{cm}-20\sim30℃$，保温后等温冷却或直接缓慢冷却。球化退火时奥氏化是"不完全"的，只是片状珠光体转变成奥氏体和少量过剩碳化物溶解，因此，它不可能消除网状碳化物。如果过共析钢有网状碳化物存在，则在球化退火前须先进行正火，将其消除，才能保证球化退火正常进行。

根据钢种和退火目的，球化退火可分以下几种：

（1）普通球化退火。普通球化退火是将钢加热到 A_{c1} 以上 $20\sim30℃$，保温适当时间，然后随炉缓慢冷却，冷到 $500℃$ 左右出炉空冷。

（2）周期球化退火（循环退火）。周期球化退火是在 A 点附近的温度反复进行加热和冷却，一般进行 3~4 个周期，使片状珠光体在几次溶解—析出的反复过程中，碳化物得以球化。该工艺生产周期较长，操作不方便，难以控制，适用于片状珠光体比较严重的钢。

（3）等温球化退火。等温球化退火是与普通球化退火工艺同样的加热保温后，随炉冷却到略低于 A_{r1} 的温度进行等温，等温时间为其加热保温时间的 1.5 倍。等温后随炉冷至 500℃ 左右出炉空冷。和普通球化退火相比，等温球化退火不仅可缩短周期，而且可使球化组织均匀，并能严格地控制退火后的硬度。

（4）变形—球化退火。将塑性变形与球化退火工艺结合在一起，由于塑性变形的作用，钢内位错密度和畸变能增加，促使片状碳化物在退火时加速熔断和球化，从而加快球化速度，缩短球化退火时间。

根据变形制度不同，球化退火又可分为：

（1）将钢材加热到 A_{cm} 和 A_{c1} 之间的温度进行塑性变形，然后冷却到稍低于 A_{c1} 温度进行球化退火；

（2）钢材在高温终轧后快冷到一定温度后直接进行等温处理的球化退火；

（3）钢材冷变形后加热到稍低于 A_{c1} 温度进行的球化退火。

锻态和热轧态的马氏体不锈钢在室温状态下，具有马氏体组织，硬度大、韧性较差，在后续加工前需要进行球化退火。球化退火的目的是使钢中的碳与金属元素以球状碳化物的形式析出，均匀分布在铁素体基体中，这样可以充分降低材料硬度，提高塑性，防止在冷轧过程中出现边裂和轧断缺陷。

球化退火的加热温度是影响球化程度完全与否的关键因素。加热温度选择合适，既能保证片状珠光体消失，又能保留一部分未完全溶于奥氏体的碳化物，作为球化核心，最终形成较粗大的颗粒状碳化物的正常球化组织。奥氏体化温度很高时，碳化物全部溶解并均匀化，冷却后总是得到片状珠光体。冷却速度直接影响碳化物颗粒的大小和分布的均匀性。在同一退火温度下，增大冷却速度，因碳化物来不及聚集和长大，得到细小而弥散的组织，使硬度偏高，不利于切削加工；冷却速度过小，碳化物容易聚集成较大的颗粒。通常，球化退火保温后，缓慢冷却的冷却速度应比普通退火慢些。

球化退火的保温时间长短与零件有效厚度、工件排列方式和装炉量大小等因素有关。由于球化退火的温度比完全退火低，故球化退火的保温时间应比完全退火稍长些。

4.1.2　球化退火对厨刀用钢组织的影响

厨刀用钢生产一般采用等温球化退火工艺，即将材料加热到 A_{c1} 点以上保温一段时间，然后降温到 A_{c1} 以下某一温度保温一段时间，最后再缓冷到一定温度后出炉冷却。在这个过程中，组织中的碳元素会与金属元素以碳化物的形式析出。温度加热到 A_{c1} 点以上，加热过程中生成的大块碳化物开始溶解分断，可以获得许多小的颗粒状碳化物，随后冷却到 A_{c1} 点以下某一温度保温，碳化物开始球化长大，这一过程也称为离异共析转变。

以 8Cr13MoV 钢锻件为例，材料的 A_{c1} 点温度为 842℃，球化退火处理工艺如图 4-1 所示。

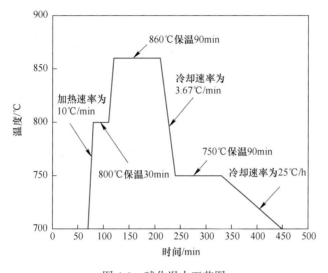

图 4-1 球化退火工艺图

由图 4-1 可知，试样放入炉内随炉升温，800℃保温 30min，然后继续升温到 860℃保温 90min，再冷却到 750℃保温 90min，最后以 25℃/h 缓冷到 600℃出炉空冷。

4.1.2.1 升温过程组织与碳化物变化

图 4-2（a）所示为电渣锭经锻造后的组织，其由马氏体、残余奥氏体、铁素体、共晶碳化物 M_7C_3、少部分球状碳化物和沿晶界位置分布的片状碳化物组成。这两种碳化物在锻造过程中产生，在原始铸态组织中并不存在，分布在晶界上的应该是在冷却过程中沿晶界析出的，而晶粒内的球状碳化物是锻造过程中溶解的碳化物再析出得到的。当温度升高到 300℃时，已经可以观察到有部分组织发生了变化，组织中的针状马氏体首先开始分解成为回火马氏体和碳化物，加热到 520℃时，这种变化更加明显。加热至 800℃时，组织有了跃进式的变化，马氏体和残留奥氏体都基本分解完，组织由铁素体及大量大小不一的碳化物组成，但依然可以辨别出原始的马氏体区域，在原马氏体针状组织边缘碳化物容易呈链状析出，如图 4-2（d）中箭头所示。原始组织中存在大颗粒的共晶碳化物 M_7C_3，这些碳化物原本就是由偏析产生的，所以在其周围析出碳化物尺寸也要更大一

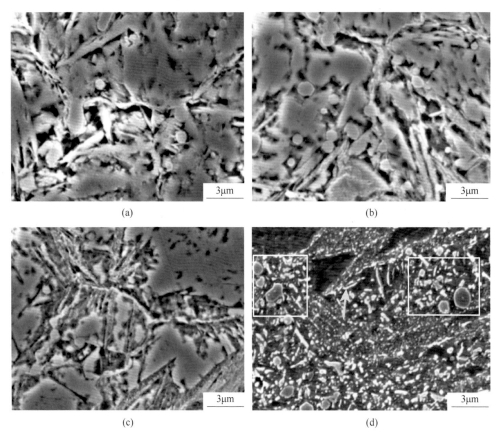

些，如图 4-2（d）中白框位置所示。此时，原来在晶界的碳化物已经分辨不出，分断为链状，与马氏体针状组织析出碳化物相似。在图 4-2（d）中出现的大面积黑色区域为原铁素体区域，由于该区域碳含量较低，所以碳化物析出较少。

图 4-2　升温过程中组织及碳化物变化

（a）未加热；（b）加热 30min；（c）加热 50min；（d）加热 80min

4.1.2.2　三段等温过程碳化物的变化

图 4-3 所示为等温过程各阶段显微组织。

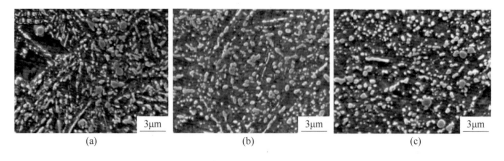

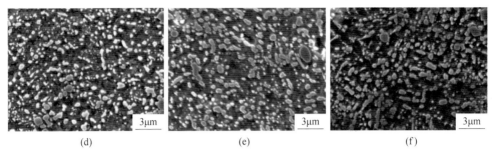

(d)　　　　　　　　　　(e)　　　　　　　　　　(f)

图 4-3　等温过程碳化物的变化

（a）800℃保温 30min；（b）860℃保温 45min；（c）860℃保温 90min 结束；
（d）750℃保温开始；（e）750℃保温 45min；（f）750℃保温 90min

由图 4-3 可知，800℃保温 30min 后，组织已经完全分辨不出原来马氏体和奥氏体的位置，细小碳化物减少，碳化物颗粒进一步长大，链状碳化物也同时粗化。图 4-3（b）所示为 860℃保温 45min 的组织，碳化物形状较 800℃时更加规则，碳化物数量减少，链状碳化物开始熔断，碳化物的圆形度有所提高。当 860℃保温 90min 后，链状碳化物绝大部分都已经熔断成为颗粒状。与上一阶段相比，碳化物的粒度进一步降低，因为原有的大颗粒碳化物也开始溶解变小。温度从 860℃降到 750℃，组织进入到球化阶段，这个过程碳化物数量和颗粒度明显增加，这是由于这段温降速度较快，基体中合金元素没有充分的时间扩散，所以除原有碳化物粗化长大外又有新的碳化物形核析出。750℃保温 90min 后，碳化物颗粒粗化更加明显，但粒度并不是非常均匀，圆形度变差。

用软件对碳化物相关参数进行了统计，结果见表 4-1。其中，R_{max} 和 R_{min} 分别为不规则碳化物颗粒的最大半径和最小半径，用 R_{max}/R_{min} 代表碳化物颗粒的圆形度，该值越小说明碳化物越趋于圆形。

表 4-1　碳化物参数统计

试样号	碳化物数量/个	碳化物面积/μm^2	碳化物长度平均值/μm	（R_{max}/R_{min}）平均值
800℃保温 30min	2008	223.52	0.201	6.91
860℃保温 45min	1912	177.28	0.192	4.31
860℃保温 90min 结束	1744	162.04	0.179	3.46
750℃保温开始	2140	194.44	0.179	3.14
750℃保温 45min	1604	195.72	0.240	4.67
750℃保温 90min	1744	200.76	0.231	4.49

4.1.2.3　缓冷过程碳化物变化

降温过程试样的显微组织（SEM）和碳化物统计参数分别如图 4-4 和表 4-2 所示。

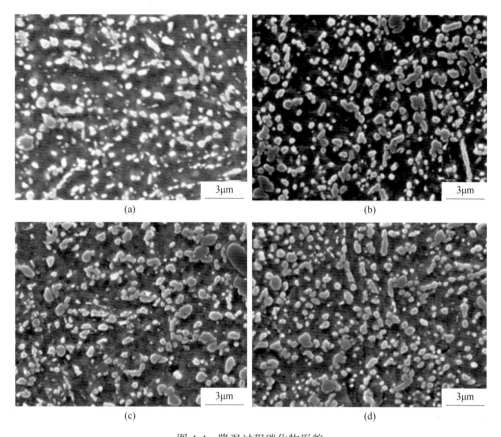

图 4-4　降温过程碳化物形貌

（a）降温 120min；（b）降温 180min；（c）降温 240min；（d）降温 360min

表 4-2　碳化物参数统计

试样号	碳化物数量/个	碳化物面积/μm^2	碳化物长度平均值/μm	（R_{max}/R_{min}）平均值
降温 120min	1340	211.43	0.294	4.51
降温 180min	1284	198.26	0.285	4.91
降温 240min	1332	200.96	0.247	4.69
降温 360min	1324	212.44	0.271	4.54

　　由图 4-4 可知，降温 120min，与上一阶段相比组织中碳化物数量有所减少，代表碳化物大小的碳化物长度平均值增加。降温 180min、240min 和 360min，组织中碳化物各项参数没有明显变化。由此说明，当降温 180min 后，由于温度的降低，组织的碳化物球化速度已经非常缓慢，即使继续缓慢冷却，碳化物的球化效果也不明显。从进入球化阶段开始一直到冷却，碳化物的面积基本不变，这符合经典 Ostwald 熟化理论。

4.1.2.4 球化退火过程中碳化物类型的变化

经过锻造后共晶碳化物被破碎，但尺寸依然较大，一般都在 $1\mu m$ 以上。共晶碳化物 M_7C_3 型碳化物在球化热处理过程中非常稳定，没有发生向 $M_{23}C_6$ 型碳化物的转变。热处理过程析出的典型碳化物的铬含量明显较 M_7C_3 型碳化物低。锻态组织中的晶界位置存在 M_3C 型碳化物，但 M_3C 在 8Cr13MoV 中是不能稳定存在的，热处理过程中会很快转变为 $M_{23}C_6$ 型碳化物。

4.1.2.5 球化退火过程中一次碳化物的演变行为

8Cr13MoV 钢球化退火后一次碳化物形貌和分布变化如图 4-5 所示。经分析，球化退火后热轧板中的一次碳化物在分布方面与退火前相比无明显差异。退火后有棱角的一次碳化物含量减少，大部分一次碳化物表面变得圆滑，这可能与退火过程中二次碳化物在一次碳化物表面析出有关。

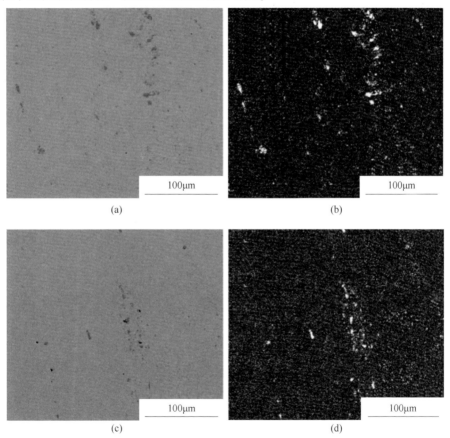

图 4-5　球化退火过程中的一次碳化物

（a）（c）1000 倍视场下一次碳化物；（b）（d）图像处理软件识别并
反向显示的（a）（c）中的一次碳化物

在球化退火试样中随机选取了 10 个 1mm^2 的视场，利用 Image-Pro Plus 图像分析软件（IPP）统计了试样中一次碳化物的面积分数，结果见表 4-3。经计算，一次碳化物平均面积分数为 1.22%，相比于退火前的 1.30%，一次碳化物含量略有减少，但是效果并不明显。这是因为球化退火温度较低，不足以促进一次碳化物中碳和合金元素向基体中扩散。如果球化退火温度太高或保温时间过长，则会导致二次碳化物发生溶解，奥氏体成分均匀化，冷却过程中容易形成片状珠光体，使退火钢硬度偏高，降低冷轧的成材率。由此可知，控制一次碳化物的任务应重点放在球化退火工艺之前，即连铸或电渣重熔和热轧过程中。

表 4-3 球化退火后一次碳化物面积分数统计

视场编号	1	2	3	4	5	6	7	8	9	10
面积分数/%	1.63	2.20	1.18	0.72	0.97	0.96	0.80	1.49	1.02	1.22

4.1.3 球化退火对厨刀用钢性能的影响

球化退火的目的是降低材料的硬度。球化退火过程中，当奥氏体化保温时间为 90min 时，球化退火效果最佳，如图 4-6 所示。由图 4-6 可知，随着奥氏体化保温时间的延长，硬度先减少后增加，奥氏体化保温时间为 90min 时试样的硬度最低。图 4-6 中也给出了每组试样的抗拉强度值，它与硬度值呈正相关性。

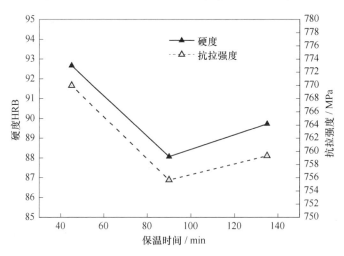

图 4-6 奥氏体化保温时间与硬度和抗拉强度的对应关系

8Cr13MoV 的加热过程与高碳马氏体钢的高温回火过程相似，马氏体分解析出大量的碳化物，这些碳化物会对基体起到强化作用。温度升高到 A_{c1} 点以上保温，薄片状、长条状的碳化物进行分断溶解，细小碳化物也会溶解，剩余的碳化物将成为碳化物球化的核心。奥氏体化保温时间为 45min 的组织中细小碳化物数量明显多于其他组织，这些细小碳化物一部分是在加热过程中直接析出的，另一部分来源于碳化物的分断。奥氏体化保温时间短，薄片状、长条状碳化物分断后细小碳化物剩余较多，它们产生的强化作用依然存在，所以导致硬度高于其他试样。随着奥氏体化保温时间的延长，细小碳化物溶入基体，强化作用减弱，硬度也开始降低。奥氏体化保温时间为 90min 时，试样的硬度降到了最低。当奥氏体化保温时间为 135min 时，更多的碳化物溶解，碳化物球化的核心减少，基体中合金元素和碳元素都较高。在冷却速率都相同情况下，碳化物球化程度降低，致使过多的合金元素留在试样基体中，这些合金元素起到了强化基体的作用，导致试样硬度和抗拉强度再次升高。

球化期保温时间与硬度、抗拉强度的关系如图 4-7 所示。由图 4-7 可知，随着球化期保温时间延长，硬度是一直降低，抗拉强度也呈现了相对应的趋势。结合显微组织情况说明，碳化物的球化程度越高，试样的硬度就越低。

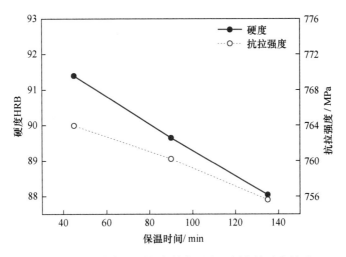

图 4-7　球化期保温时间与抗拉强度和硬度的对应关系

4.2　厨刀用钢的冷轧工艺

4.2.1　冷轧预处理

冷轧工艺是以热轧钢卷为原料，经酸洗去除氧化皮后进行冷连轧，其成品为轧硬卷。

由于退火过程中发生表面灰暗或发黑的钢卷不能达到再加工要求，故需采用酸洗线进行再处理，利用酸的强氧化性，使带钢在酸洗线中去除氧化铁和残留物，得到光亮的不锈钢产品[1]。

冷轧前的酸洗工艺尤为重要，酸洗好坏直接关系到钢材的品质与效率。酸洗过程中不仅要控制蒸汽作用时间，还要控制压力指数，否则会造成材质受损。酸洗机组是专门用来对钢材进行酸洗的处理设施。

常用的酸洗工艺方法如下：

（1）传统酸洗线工艺。传统不锈钢酸洗工艺主要分为预酸洗和酸洗两个部分，酸洗线上一般不用机械方式进行酸洗前的破鳞处理，这是因为钢材经退火后表面的氧化物较薄，使用机械方式破鳞会影响产品表面质量。预酸洗一般使用浓度5%左右的稀硫酸去除带钢表面的部分氧化物，极难除去的铬氧化层基本被疏松甚至被溶解，这就使得后面的混酸处理变得较为容易。带钢经过预酸洗后，表面的氧化层仍不能有效去除，其复杂而致密的氧化层需要用具有很强侵蚀能力的混酸来处理。混酸一般是由硝酸和氢氟酸按一定比例混合而成，由于氢氟酸的侵蚀能力极强，能深入穿透到氧化层甚至基体内部，因此混酸的浓度不宜过高，否则氟元素会侵入到带钢内部产生腐蚀作用。

（2）无硝酸酸洗工艺。该技术与传统工艺的区别仅在酸洗段不同，主要是在硫酸中加入氢氟酸组成混合酸洗液，依靠铁的氧化性诱发氧化铁皮反应，使酸液透过氧化皮的裂隙，与铬、铁反应并产生大量氢气，最终氧化皮撕裂、脱落。该工艺在实际应用中需要经过预热—淬水—漂洗—缓解，环保性较高，实际应用中产生的有害物较少，可以处理任何钢种的管材、线材、板材，酸洗过程中只溶解氧化皮，且酸洗效率高、表面质量好，能够节省化学品消耗。

（3）Dalnox Bright™技术。Dalnox Bright能够降低退火过程中的氧化，避免酸洗处理并减少废液中和量，在实际应用过程中能够严格控制退火气氛，在受控氧化气氛中最初的快速加热段与氧化形成薄膜，在非氧化气氛中完成金相转变。同时该技术在实际应用中能够避免碳化物析出的冷却速度，降低环境冲击和表面钝化，从而节约设备投资和管理成本。Dalnox Bright™技术工艺手段日益成熟，实际应用中无需对酸洗段做任何改变，可以进一步降低排放和废物中和处理的费用，在新建工厂和现有工厂改造中较为常见，可提高产量，获得盈利，符合时代发展需求。

不锈钢在加工过程中会出现黑色、黄色的氧化皮，为了提高不锈钢的外观质量和耐蚀性，对加工后的不锈钢必须进行酸洗钝化处理，目的是去除焊接、高温加工处理后产生的氧化皮，使之银亮有光，并使处理后的表面形成一层以铬为主要物质的氧化膜，不会再产生二次氧蚀，达到钝化的目的，提高不锈钢制品的表面防腐质量，延长设备使用寿命。

4.2.2 冷轧板材轧制的工艺特点

不锈钢冷轧板的生产追求的是板面平直、粗糙度小、光亮度高、板面从窄到宽。由于不锈钢在冷加工时具有高强度、加工硬化快、导热性差、对表面质量要求高等特性，故不锈钢冷轧板的轧制过程中有以下工艺特点：

（1）不锈钢具有较高的合金含量，属于高合金钢，故使得材料在冷轧变形时抵抗轧制变形的程度大。应选择刚性较大的多辊冷轧机，工作辊直径小且有足够的支撑辊，以便获得高效率、高精度的轧制效果。

（2）冷轧必须采用工艺冷却与润滑，因为冷轧带钢大部分的变形功转变成了热能，使带钢与轧辊的温度升高，工作辊的淬火层硬度降低，会影响带钢的表面质量和轧辊寿命。应用轧制油以一定流量喷到轧件与轧辊上既能有效吸收热量，又能保证轧制油在轧件和轧辊上形成油膜润滑，还可防止材质粘辊，同时为减少变形区域接触弧表面单行的摩擦系数和摩擦力，应用润滑可增大道次压下量和减少轧制道次，提高轧制速度。

（3）冷轧必须采用张力轧制，在带钢轧制过程中，轧制变形是在一定前后张力作用下进行。张力可以防止带钢在冷轧过程中跑偏。大张力可以使带钢保持良好板形，横向延伸均匀，同时控制厚度。张力降低金属变形抗力，使变形区的应力状态发生变化，减少纵向的压应力，从而降低轧制压力。

（4）焊接是不锈钢生产不可缺少的步骤。带钢两端在可逆式轧机上轧制前焊接引带，可以避免缠绕在卷取机上的头尾部分得不到压下量，提高成材率。在连续退火和酸洗机组上，带钢头尾也需要焊接。

4.2.3 冷轧板材生产的工艺技术

冷轧板材的生产指的是从热轧卷开始到生产出冷轧产品的整个过程。典型不锈钢冷轧板材生产流程一般为：生产前的准备→热轧卷退火及酸洗→带钢修磨→冷轧→冷轧卷退火及酸洗→平整→矫直→剪切及剁板→分类检查和包装。根据钢种及质量要求的不同，生产流程会有所不同。

不锈钢板带冷轧生产的工艺技术[2-5]主要有以下几种。

4.2.3.1 传统不锈钢板带冷轧生产工艺

该工艺历史悠久，发展时间长，是目前不锈钢生产中最广泛采用的方式。其特点是采用单机可逆的多辊轧机进行轧制，再通过退火、酸洗、平整等流程得到冷轧板材。不锈钢经冷轧成薄板后大大提升了再加工能力，但经冷轧变形后的不锈钢内部晶粒被拉长，出现晶粒破碎和晶体缺陷的问题，导致不锈钢内部自由能升高，处于不稳定状况。必须经过退火处理将带钢加热到一定温度，使原子取得足够的分散动能，消除晶格畸变，使破碎晶粒重新结合而再次恢复平衡。冷轧生产的主要设备由罩式退火炉、多辊轧机、退火酸洗机组、平整机等组成。目前大多数厂家使用的多辊轧机为森吉米尔冷轧机。

该冷轧机工作辊直径小、辊系稳定、刚性大、轧制压力大、凸度调整方便、结构简单、操作维护方便。单机架可逆轧制工艺技术成熟、轧制速度较低、设备简单、占地面积小、应用广泛、适应性强，适合于对表面质量要求较高、品种多、规格不大的生产线。

4.2.3.2　直接冷轧退火酸洗工艺[6]

该工艺将热轧不锈钢卷板直接通过轧制、退火、酸洗连续生产设备制造冷轧板材，如图4-8所示。

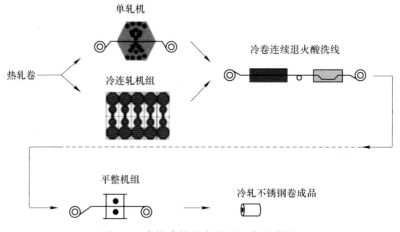

图4-8　直接冷轧退火酸洗工艺示意图

直接冷轧退火酸洗工艺得到的产品规格较厚，表面质量较差，比较适合大规模生产单一性的产品。同时轧机速度会极大影响全生产线设备运转率[7]。轧制前无需破鳞、抛丸、预酸洗等处理，直接采用热轧黑卷进行冷轧[8]。

4.2.3.3　全连续式五机架冷连轧工艺[9]

该技术是目前冷轧不锈钢板带生产的新发展方向，如图4-9所示。

该工艺特点是将轧机、退火、酸洗、平整等工序结合在一起，组成全连续的生产线。与传统多辊轧机轧制相比，使用与碳钢轧机相似的四辊、六辊组合或六辊连轧机，可以减少对板带的开卷和卷取，避免其表面产生划痕，具有占地面积小、生产效率高、成本低、可生产产品范围广等特点。目前世界上已有多个生产厂家采用该工艺，如美国 AK 钢铁公司、韩国浦项钢铁公司、日本新日铁钢铁公司等。但由于五机架连轧机的工作辊直径小于二十辊轧机，故前者的轧制力要高于后者。在生产奥氏体不锈钢时由于存在形变马氏体，在轧制时会产生较大的变形抗力，使得机器超负荷；在生产马氏体不锈钢时，焊缝的脆性过高，无法通过轧机，故该工艺只能用于生产铁素体不锈钢。

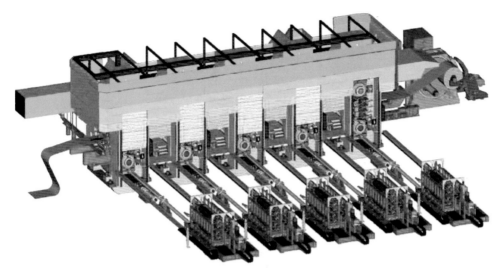

图 4-9 全连续式五机架冷连轧工艺

4.2.4 冷轧对厨刀用钢组织和性能的影响

板材经过冷轧后晶粒和碳化物变形甚至破碎，且存在形变储能，易发生再结晶，经过退火后，会使组织更加细小致密。与热轧板材相比，冷轧后板材中的碳化物趋于均匀，大块碳化物数量减少，偏聚现象消失。冷轧过程中经过多次退火后，碳化物形貌更倾向于球形。较低的退火轧制温度和较大的压下率、变形量更有利于得到细小均匀的碳化物。

8Cr13MoV 钢冷轧板材的组织及碳化物形貌如图 4-10 所示。由图 4-10 可知，与热轧退火后的组织和碳化物相比，冷轧板中二次碳化物球化效果更好，颗粒度更加均匀，且碳含量较高的冷轧板材中会有尺寸较大的一次碳化物残留。

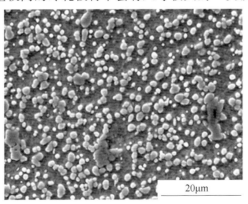

20μm

图 4-10 8Cr13MoV 钢冷轧后微观组织

以 7Cr17MoV 钢为例，说明轧制厚度对组织及碳化物的影响，结果如图 4-11 所示。由图 4-11 可知，随着冷轧厚度的减小，碳化物颗粒不断减小，有很多细小的碳化物出现，但是随着冷轧厚度减小，碳化物颗粒变小的趋势趋缓。轧至 1.5mm 厚度以后，碳化物变小就不太明显。随着冷轧的进行，碳化物数量明显增加，颗粒尺寸变得细小而且均匀，并且形貌更加近似球形，这主要是由于冷轧导致晶粒变形甚至破碎，在退火的再结晶过程中有利于溶解的碳化物形核析出，形成较细小均匀的碳化物颗粒。

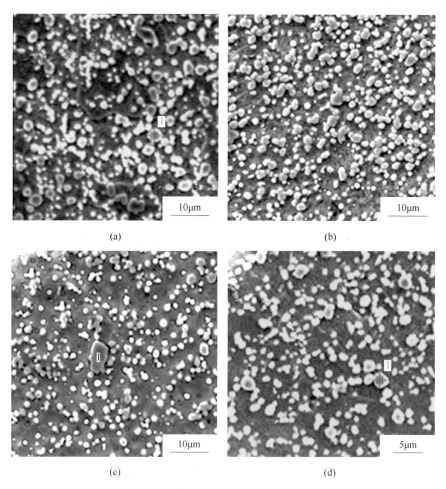

图 4-11　不同厚度 7Cr17MoV 轧制带材中碳化物 SEM 形貌

（a）热轧（3mm）；（b）冷轧（2.5mm）；（c）冷轧（1.5mm）；（d）冷轧（0.7mm）

随着冷轧轧制厚度的减小，抗拉强度和屈服强度先降低，后升高。整个过程中，抗拉强度的变化不大，断后伸长率显著增加。这主要是由于冷轧退火软化和碳化物细化综合作用的结果。在冷轧的初始阶段，随着变形量的加大，退火再结晶进行更充分，退火软化较碳化物细化对材料性能的影响更加明显，材料强度下降，伸长率提高。当变形量增大至一定程度时，材料退火再结晶较为充分，退火软化作用将不明显，碳化物细化的作用对材料性能产生主要影响，材料强度回升，伸长率提高。

为了获得具有良好力学性能的7Cr17MoV不锈钢带材，除了冶炼过程中尽量减少夹杂物含量和凝固过程尽量减少一次碳化物的产生，在轧制加工过程中合理控制碳化物的形貌和分布具有重要作用。碳化物分布均匀且呈球状，避免形成针状、片状和较大颗粒的碳化物，有利于提高材料的塑性。热轧和冷轧后的碳化物形貌均近似球形，随着冷轧的进行，碳化物更加细小均匀。

4.3 厨刀用钢的再结晶退火

4.3.1 再结晶退火的工艺特点

由于连续冷变形引起的冷作硬化使轧硬卷的强度、硬度上升、韧塑指标下降，因此冲压性能恶化，必须经过退火才能恢复其机械性能。目前不锈钢冷轧带钢退火共有两种工艺：罩式炉退火和连续退火。罩式炉退火工艺指的是向其内罩通入氮气、氢气或氮氢混合气，在外罩和内罩之间进行明火加热、保温和冷却的保护方法进行退火处理，具有成本低、热处理方式及周期容易调整、操作简单、适用于多品种与小批量生产等特点。但该工艺主要缺点是退火时间长，一个周期需要48h左右，生产效率低、能耗高、加热不均匀。由于氢气的导热系数约为氮气的6倍，更为先进、高效的全氢退火炉应运而生。全氢罩式退火炉有以下优势：采用强对流炉台循环风机，气体循环速度快，对流传热强；使用密度小的氢气作保护气，渗透能力较强，加热速度快，还原能力强；采用气–水冷却系统，冷速快，生产效率高。罩式炉退火工艺主要用于马氏体和普通铁素体不锈钢热轧板的退火过程，以保证马氏体分解。罩式退火炉如图4-12所示。

连续退火工艺是将表面清洗、退火、平整和检验等过程整合为一体，形成一整套生产线。连续退火工艺退火温度高、退火时间短、能够保证产品组织均匀性、占地面积小、生产规模大、生产效率高；但带钢表面硬度高、伸长率差、冷却不均匀会造成板型不平整、晶粒过大等问题，同时连续退火投资大、生产成本高于罩式炉退火。根据退火设备的不同，连续退火工艺可分为立式炉连续退火和卧式炉连续退火。立式炉连续退火是使钢卷通过导向辊沿炉高度方向展开，带钢在氢气或氮气的保护气氛下进行加热和冷却。该工艺一般应用于对表面质量要求高的不锈钢冷轧板的退火过程。卧式炉连续退火工艺是现在不锈钢冷轧带钢退火

图 4-12 罩式退火炉

过程中最主要的工艺,如图 4-13 所示。其生产流程为:冷轧卷经过入口活套展开,进入卧式连续退火炉的明火加热段,加热至一定温度并保温,最后进入冷却段冷却。

图 4-13 卧式连续退火炉

在厨刀用冷轧板生产过程中,由于需要通过较大的变形量改善材料性能并达到一定尺寸要求,冷轧过程中轧制压下量大、轧制温度低,晶粒被破坏、破碎或拉长,晶粒间相对滑移,会产生加工硬化现象,即材料硬度和强度增大,延展性和塑性减小。这时需要将经过冷变形处理的材料加热到再结晶温度以上,保温一定时间后冷却,使材料发生再结晶,得到均匀的等轴晶粒,该工艺即为再结晶退火。再结晶退火能消除加工硬化、提高塑性、恢复塑性变形能力、释放形变储能、降低位错密度、有利于进一步加工。再结晶退火的工艺特点为组织和性能的变化不可逆，只能向平衡方向转变。再结晶退火温度取决于再结晶温度以及对工艺性能的要求。

4.3.2　再结晶退火对厨刀用钢组织的影响

退火温度的高低及保温时间的长短对再结晶后晶粒尺寸有较大的影响。在相同的变形程度下，退火温度越高或保温时间越长，再结晶退火后晶粒的尺寸越大。若退火温度过低则不能完全消除加工硬化，会出现材料的硬度过高而延展率差等问题；退火温度过高会导致晶粒长大，不利再结晶织构的产生。

退火对于厨刀用钢性能的影响主要通过退火过程中回复、再结晶来实现。回复是在长时间低温保温的条件下使材料发生亚结构和性能的改变，驱动力是亚晶晶界。回复的本质是位错的攀移和滑移。发生回复后，晶粒并没有明显改变，仍保持冷变形时纤维状组织。在高温短时间退火时，回复行为可以不考虑。随着退火温度不断升高以及保温时间延长，在达到再结晶温度以及再结晶孕育期后，在形变储存能的驱动下将发生再结晶，再结晶完成后，材料的微观组织由纤维状晶粒变为等轴晶。

以8Cr13MoV为例说明再结晶退火对厨刀用钢组织和性能的影响。再结晶退火后的8Cr13MoV钢板材显微组织如图4-14所示。

20μm

图4-14　8Cr13MoV冷轧板材经再结晶退火后的显微组织

由图4-14可知，8Cr13MoV钢冷轧退火组织为珠光体+球状碳化物，与冷轧板材相同。但经再结晶退火后组织中二次碳化物尺寸更加细小。冷轧板材的碳化物主要来源于热轧板，冷轧时造成晶粒和碳化物的变形甚至破碎，并且存在形变存储能，整体上处于高能状态，易于发生再结晶，经过退火，会发生静态回复和静态再结晶、新晶粒的形核与长大、碳化物的溶解和析出过程，使组织更加细小致密，也使得形成更加细小均匀的碳化物。

4.3.3 再结晶退火对厨刀用钢性能的影响

再结晶退火可以消除冷作硬化，提高塑性，改善切削性能及压延成型性能，恢复塑变能力，有利于进一步变形加工。图 4-15 所示为不同冷轧厚度 7Cr17MoV 再结晶退火板的拉伸力学性能。

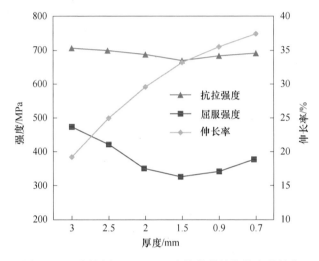

图 4-15　不同厚度 7Cr17MoV 冷轧薄带的拉伸力学性能

由图 4-15 可知，随着冷轧的进行，抗拉强度和屈服强度先降低，当冷轧厚度达到 1.5mm 左右时，开始升高。整个过程，抗拉强度的变化不大，断后伸长率显著增加。这主要是由于冷轧退火软化和碳化物细化综合作用的结果。在冷轧的初始阶段，随着变形量的加大，退火再结晶进行越充分，退火软化较碳化物细化对材料性能的影响就越加明显，材料强度下降，伸长率提高。当变形量增大至一定程度（冷轧厚度为 1.5mm 左右时），材料退火再结晶较为充分，退火软化作用将不明显，碳化物细化的作用对材料性能产生主要影响，材料强度回升，伸长率提高。

参 考 文 献

[1] 陈新旺. 冷轧不锈钢退火酸洗线的几种工艺[J]. 化工管理, 2021(26)：162-163.

[2] 王继州. 不锈钢热带退火酸洗工艺与设备研究[D]. 秦皇岛：燕山大学, 2015.

[3] 陈素芳. 高品质特钢冷轧带钢生产情况及技术特点[C]//第九届中国钢铁年会论文集, 2013：1592-1598.

[4] 田晓青. 高强度不锈钢精密带钢发展概述[J]. 冶金管理, 2009(10)：32-37.

［5］丁建刚，胡保全，高小芬．冷轧不锈钢生产过程的质量控制［J］．轧钢，2001(4)：43-46.

［6］郑锋，程挺宇，张巧云．冷轧不锈钢板带生产新技术简介［J］．轧钢，2009，26(3)：40-41.

［7］Pempera F G，Quante H J．Production of stainless steel strip by a new in-line cold rolling-annealing-pickling process［J］．Flat Product Technology，1997：1997.

［8］Andrew Orme，杨秋霜．不锈钢的轧制、退火、酸洗综合生产线［J］．钢铁，2004(4)：41-44.

［9］王佳．五连轧生产430冷轧板工艺和砂金缺陷研究［D］．上海：上海交通大学，2012.

5 厨刀刀坯的热处理工艺

金属热处理是机械制造中的重要工艺之一，与其他加工工艺相比，热处理一般不改变工件的形状和整体的化学成分，而是通过改变工件内部的显微组织，或改变工件表面的化学成分，赋予或改善工件的使用性能。其特点是改善工件的内在质量。为使金属工件具有所需要的力学性能、物理性能和化学性能，除合理选用材料和各种成型工艺外，热处理工艺是必不可少的。厨刀常用热处理工艺包括淬火工艺、回火工艺等。

5.1 淬火工艺

淬火是把钢加热到临界温度以上，保温一定时间，然后以大于临界冷却速度进行冷却，获得以马氏体为主的不平衡组织（也有根据需要获得贝氏体或保持单相奥氏体）的一种热处理方法。淬火是钢热处理工艺中应用最为广泛的方法[1]。

淬火可以使过冷奥氏体进行马氏体或贝氏体转变，得到马氏体或贝氏体组织，然后配合不同温度的回火，大幅提高钢的刚性、硬度、耐磨性、疲劳强度以及韧性等，满足各种机械零件和工具的不同使用要求。也可以通过淬火满足某些特种钢材的铁磁性、耐蚀性等特殊的物理、化学性能。

5.1.1 淬火工艺特点

淬火工艺包括加热、保温、冷却三个阶段，三个阶段工艺的特点如下。

（1）淬火加热温度。以钢的相变临界点为依据，加热淬火时要形成细小、均匀的奥氏体晶粒，淬火后获得细小马氏体组织。碳钢的淬火温度主要由钢中的含碳量根据铁碳平衡相图中的转变规律来确定，图 5-1 所示为碳钢淬火加热温度范围。可以看出，随着碳含量的增加，碳钢完全奥氏体化所对应的温度有所降低。

亚共析钢加热温度为 A_{c3} 温度以上 30~50℃。高温下钢的状态处在单相奥氏体（A）区内，称为完全淬火。如亚共析钢加热温度高于 A_{c1}、低于 A_{c3} 温度，则高温下部分先共析铁素体未完全转变成奥氏体，即为不完全（或亚临界）淬火。过共析钢淬火温度为 A_{c1} 温度以上 30~50℃，这温度范围处于奥氏体与渗碳体（A+C）双相区，因而过共析钢的正常的淬火仍属不完全淬火，淬火后得到的马

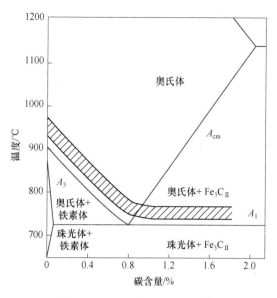

图 5-1 碳钢的淬火温度范围[2]

氏体基体上分布着渗碳体的组织。这一组织状态具有高硬度和高耐磨性。对于过共析钢，若加热温度过高，先共析渗碳体溶解过多，甚至完全溶解，则奥氏体晶粒将发生长大，奥氏体碳含量也增加。淬火后，粗大马氏体组织使钢件淬火态微区内应力增加，微裂纹增多，零件的变形和开裂倾向增加；由于奥氏体碳浓度高，马氏体转变点 M_s 下降，残留奥氏体量增加，使工件的硬度和耐磨性降低。

（2）淬火保温。淬火保温的目的是使工件内部温度均匀趋于一致。淬火保温时间由设备加热方式、零件尺寸、钢的成分、装炉量和设备功率等多种因素确定。对各类淬火，保温时间最终取决于在工件要求淬火的区域获得良好的淬火加热组织。加热与保温是影响淬火质量的重要环节，奥氏体化获得的组织状态直接影响淬火后的性能。

（3）淬火冷却。要使钢中高温相奥氏体在冷却过程中转变成低温亚稳相马氏体，冷却速度必须大于钢的临界冷却速度。冷却过程中，工件表面与心部的冷却速度有一定差异，这种差异大到一定程度，可能造成大于临界冷却速度部分转变成马氏体、小于临界冷却速度的心部不能转变成马氏体的情况。为保证整个截面都转变为马氏体，需要选用冷却能力强的淬火介质，以保证工件心部有足够高的冷却速度。但是冷却速度大，工件内部由于热胀冷缩不均匀造成内应力，可能使工件变形或开裂。因而要考虑上述两种矛盾因素，合理选择淬火介质和冷却方式。使其在冷却阶段不仅能获得合理的组织，达到所需要的性能，而且保持零件的尺寸和形状精度，也是淬火工艺控制的关键环节。

5.1.2 淬火过程中厨刀组织和碳化物的转变

下面以 7Cr17MoV 钢为例，介绍淬火过程中厨刀组织及碳化物的转变。图 5-2 所示为 7Cr17MoV 在不同淬火温度下的金相组织照片。

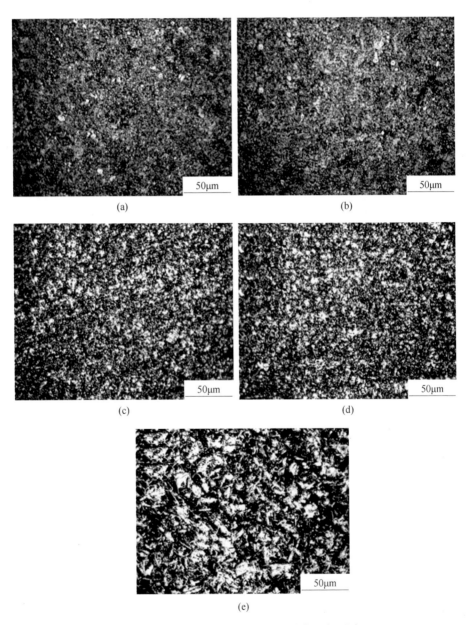

图 5-2 不同淬火温度下 7Cr17MoV 金相组织照片
（a）950℃；（b）1000℃；（c）1050℃；（d）1100℃；（e）1150℃

从图 5-2 可以看出, 7Cr17MoV 的淬火组织为马氏体+碳化物+残余奥氏体。随着淬火温度的升高, 组织中碳化物的含量不断减少, 大颗粒的碳化物尺寸减小, 马氏体组织尺寸增大, 残余奥氏体的量不断增加。

未溶的碳化物和其他第二相质点, 通过钉扎奥氏体边界能够有效限制奥氏体的长大, 当淬火温度为 950℃和 1000℃时, 组织中仍含有较多未溶的碳化物, 这些碳化物能够有效地抑制奥氏体的生长。当淬火温度为 1050℃图和 1100℃时, 组织中的碳化物明显减少, 当淬火温度为 1150℃时, 组织中的碳化物已经很少, 奥氏体晶粒显著增大, 最终组织中残余奥氏体的量显著增加, 马氏体组织变得粗大。

不同温度淬火后的 XRD 衍射图谱如图 5-3 所示。由图 5-3 可知, 随着淬火温度的增加, 碳化物不断向基体中发生溶解, 碳化物的峰不断弱化甚至消失。而奥氏体相峰由于残余奥氏体含量的增加越来越明显。

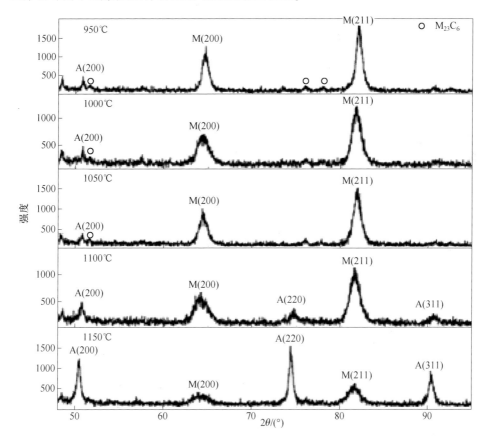

图 5-3　7Cr17MoV 不同淬火温度下的 XRD 衍射图谱

图 5-4 所示为 7Cr17MoV 在不同淬火温度下的 SEM 照片。通过图 5-4 可以更

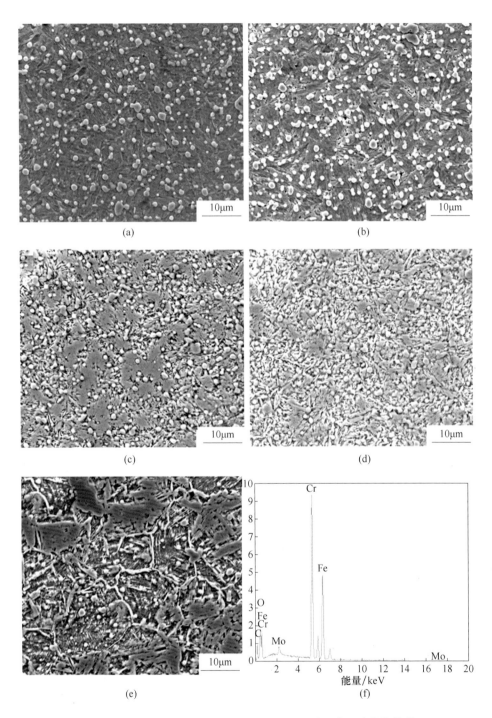

图 5-4 不同淬火温度下 7Cr17MoV 的 SEM 照片和典型碳化物能谱
（a）950℃；（b）1000℃；（c）1050℃；（d）1100℃；（e）1150℃；（f）能谱图

加清楚地看到碳化物的分布和形貌，随着淬火温度的升高，碳化物不断发生溶解，其数量显著减少，平均尺寸不断减小。当950~1000℃淬火时，组织中含有大量的未溶的碳化物，碳化物平均尺寸约为1.1μm；当1050~1100℃淬火时，组织中的碳化物数量明显减少，碳化物平均尺寸约为1.0μm；当1150℃淬火时，组织中的碳化物数量已经很少，碳化物平均尺寸约为0.9μm。也就是说，淬火温度主要影响碳化物的数量，对碳化物的尺寸影响较小。在碳化物发生溶解的同时，淬火油冷时会伴随着一定碳化物的析出，这些碳化物一般会在晶界处优先析出，随着淬火温度的升高，在晶界处析出的碳化物增多，特别是当淬火温度为1150℃，在晶界处有连续的网状碳化物析出，如图5-4（e）所示，这将对材料的综合性能产生不利的影响。

对图中碳化物做EDS分析，比如图5-4（c）中所标碳化物，得到碳化物的化学成分（质量分数,%）为48Cr-40Fe-10.4C-1.6Mo。如图5-4（f）所示，结合XRD图谱，可知碳化物类型主要是（Fe,Cr,Mo）$_{23}$C$_6$。在分析过程中发现Mo元素主要与Fe和Cr共同构成碳化物，很难发现Mo和V与碳单独结合形成的碳化物，这一方面可能是由于Mo和V的碳化物已全部融入基体；另一方面可能是Mo和V的碳化物较为细小，在SEM照片的视野中较难发现。

对不同淬火温度下碳化物和残余奥氏体含量进行定量分析，结果如图5-5所示。由图5-5可知，随着淬火温度升高，碳化物更容易向基体中发生扩散溶解，其含量不断减少，而残余奥氏体的含量增加，是由于随着淬火温度的升高，奥氏体中合金元素不断增加，奥氏体的稳定性增加，同时马氏体转变温度（M_s）降低所致。从图5-5可以看出，当950℃淬火时，碳化物的体积分数为16%，残余奥氏体含量为4.8%；当1000℃淬火时，碳化物的体积分数为12.9%，残余奥氏体含量为6.2%；当1050℃淬火时，碳化物的体积分数为8.3%，残余奥氏体含

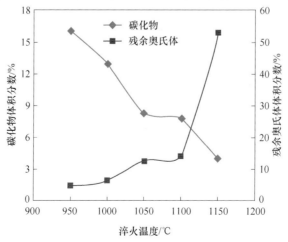

图5-5　淬火温度对7Cr17MoV中碳化物和残余奥氏体含量的影响

量为12.9%；当1100℃淬火时，碳化物的体积分数为7.7%，残余奥氏体含量为14.5%；当1150℃淬火时，碳化物的体积分数为4%，残余奥氏体含量发生明显增加，达到52.6%。

图5-6所示为淬火温度为1050℃时，7Cr17MoV典型SEM微区的线扫描能谱。从图5-6中可以看出，较之于基体，碳化物处铬含量明显富集，铁含量降低，钼元素有少量的富集，并且从碳化物的边缘到中心区，铬元素呈线性增加的趋势，铁元素呈线性减少的趋势。同时，碳化物颗粒尺寸越小，铬在碳化物中的含量也呈减少的趋势，说明碳化物不断发生溶解，并且尺寸越小越易溶解。图中中央区域为大颗粒的形状不规则的一次碳化物，相对于形貌细小规则的碳化物，其含有更高含量的铬，其含量在大部分范围内保持较稳定的值，不像细小碳化物中元素那样具有明显的峰尖，说明大颗粒的一次碳化物在淬火过程中很难发生溶解，这将影响材料的性能。

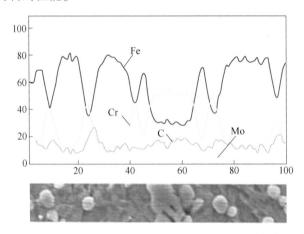

图5-6　1050℃淬火时7Cr17MoV典型SEM微区的线扫描能谱

图5-7所示为淬火温度为1050℃时，7Cr17MoV典型SEM微区（图5-7（f）绿色方框区域）的面扫描能谱。从图5-7中可以看出，铁元素在碳化物处有明显的缺失，铬和碳元素在碳化物处有明显的富集，钼元素和钒元素基本均匀分布。总体上来说，各主要合金元素在基体中均有聚集现象。

5.1.3　淬火温度对厨刀性能的影响

5.1.3.1　淬火温度对钢材硬度的影响

图5-8所示为淬火温度对7Cr17MoV硬度的影响。从图5-8可以看出，淬火温度从950℃增加至1050℃时，硬度值明显增加，从HRC49.6增加到HRC 59.2；淬火温度从1050℃增加至1100℃时，硬度增加缓慢，从HRC 59.2增加到HRC 59.8；淬火温度从1100℃增加至1150℃时，硬度值迅速降低，从HRC 59.8减少

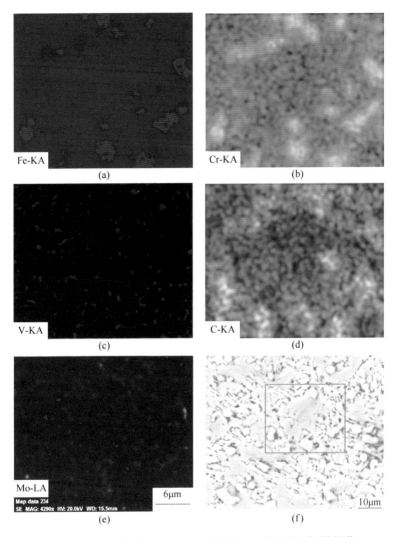

图 5-7 1050℃淬火时 7Cr17MoV 典型 SEM 微区的面扫描能谱

到 HRC 40.5，这与前文组织分析的结果相符。

　　马氏体不锈钢的硬度主要受其中碳化物含量和残余奥氏体含量的影响，随着淬火温度的升高，碳化物不断发生溶解，奥氏体中溶解的碳元素和合金元素不断增多，这将增加马氏体中碳的过饱和度和晶格畸变程度，有利于材料硬度的提升，同时由于碳化物的溶解，马氏体开始转变，温度降低，第二相粒子对奥氏体晶粒的钉扎作用减小，奥氏体晶粒长大，残余奥氏体的量增加，这又不利于材料硬度的提升。通常 $M_{23}C_6$ 型碳化物的溶解温度范围为 950~1050℃，M_7C_3 型碳化物的溶解温度范围为 1050~1150℃。7Cr17MoV 退火钢带中主要是 $M_{23}C_6$ 型碳化物、少量的 M_7C_3 型碳化物和其他合金化合物。因此，当淬火温度从 950℃上升

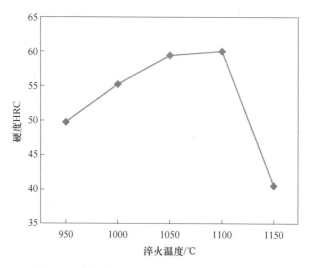

图 5-8　淬火温度对 7Cr17MoV 洛氏硬度的影响

到1050℃时，碳化物不断溶解，基体中固溶的碳元素含量不断增加，材料硬度明显增加；从1050℃上升1100℃时，碳元素发生了较大程度的溶解，同时基体中残余奥氏体量的增加和奥氏体晶粒的缓慢长大，使得材料硬度增长缓慢，达到峰值；当淬火温度达到1150℃时，碳化物和其他第二相粒子基本完全溶入到基体，阻碍奥氏体晶粒长大的第二相粒子减少，奥氏体晶粒突然迅速长大，马氏体组织变得粗大，同时温度的升高，导致残余奥氏体的量显著增加，材料的硬度明显下降。

5.1.3.2　淬火温度对钢材耐蚀性能的影响

高碳马氏体不锈钢的腐蚀行为主要受碳化物的数量和尺寸、残余奥氏体的数量影响。由于铬是强碳化物形成元素，碳化物中通常包含较高的铬含量。因此，在钢化学成分一定的情况下，碳化物数量越多，基体中所固溶的用来形成钝化膜的铬元素就越少，材料的耐蚀性能下降。通常由于大尺寸碳化物的不均匀性，相对于细小的碳化物，不利于材料耐蚀性能的改善。碳化物中较高的铬含量导致基体中铬含量缺失，特别是在邻近碳化物的区域，因此在氯化物介质中，碳化物和基体的边界区域通常是形成阳极，成为点蚀的形核区[2]。

图 5-9 所示为不同淬火温度的 7Cr17MoV 浸泡在 3.5%NaCl 溶液中的开路电位随时间的变化曲线。从图 5-9 可以看出，开路电压随时间缓慢降低，达到相对稳定的状态。1050℃和1100℃淬火时开路电压较高，曲线变化过程中伴随明显的波动，这应该是发生在一些活跃质点（比如碳化物）处亚稳腐蚀的发生和修复过程。

7Cr17MoV 在不同淬火温度下的动态极化曲线如图 5-10 所示。表 5-1 为所对应拟合的自腐蚀电位和自腐蚀电流参数。

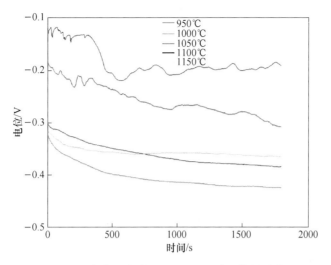

图 5-9　淬火温度对 7Cr17MoV 开路电位的影响

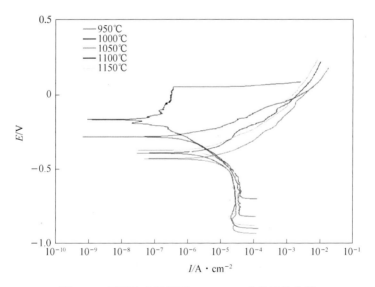

图 5-10　不同淬火温度下 7Cr17MoV 动态极化曲线

表 5-1　不同淬火温度下 7Cr17MoV 的自腐蚀电位和自腐蚀电流参数

温度/℃	950	1000	1050	1100	1150
E_o/V	−0.43	−0.39	−0.28	−0.16	−0.37
I_o/A·cm^{-2}	1.11×10^{-5}	6.65×10^{-6}	6.7×10^{-7}	8.36×10^{-8}	2.63×10^{-6}

从图 5-10 和表 5-1 可以看出，淬火温度从 950℃ 到 1100℃ 时，自腐蚀电位随着淬火温度的升高而升高，自腐蚀电流随着淬火温度的升高而降低，说明随着淬火温度的升高，材料的耐蚀性能提高。产生这种现象的原因是随着淬火温度的升高，组织中合金碳化物不断溶解，基体中的铬含量较高。当淬火温度为 1100℃ 时，材料出现了更加明显的钝化区，并且在钝化区内曲线产生振荡，这是由于淬火温度升高导致较大的内部应力和组织的不均匀性，局部钝化膜变薄，钝化膜产生破裂和修复的过程。1100℃ 淬火时的自腐蚀电位和自腐蚀电流分别为 −0.16V 和 $8.36×10^{-8}A/cm^2$。当淬火温度升高至 1150℃ 时，自腐蚀电位和自腐蚀电流发生明显下降和升高，材料耐蚀性能下降。一方面是由于淬火温度为 1150℃ 时晶界处析出的碳化物明显增多，产生贫铬区；另一方面是由于 1150℃ 淬火时残余奥氏体量明显增加，组织更加不均匀，使材料更易发生腐蚀，导致材料的耐蚀性能下降。

5.1.3.3 淬火温度对刀具锋利性能的影响

不同奥氏体化温度的淬火工艺对 8Cr13MoV 刀具锋利度影响如图 5-11 所示。从图 5-11 可以看出，刀具每刀切割量普遍呈波动式下降，刀具累计切割量（锋利耐用度）随着奥氏体化温度的升高而升高。当奥氏体化温度升高到 1050℃ 时，刀具在前 3 个切割周期锋利性能较好，在 5~15 切割周期中，每刀切割量在 10mm 左右波动，随后逐渐下降；当奥氏体化温度为 1100℃ 时，前 12 个切割周期每刀切割量均大于 15mm，随后每刀切割量呈波动性下降。

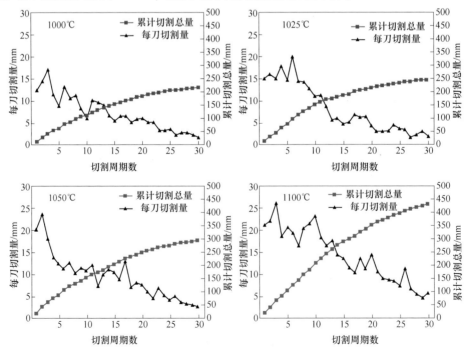

图 5-11 淬火时奥氏体化温度对刀具锋利性能的影响

淬火时奥氏体化温度对初始锋利度和锋利耐用度的影响如图 5-12 所示。由图 5-12 可知，淬火温度从 1000℃ 升高到 1025℃ 时，初始锋利度略有上升，而当淬火温度升高到 1050℃ 时，初始锋利度获得较大的提升。淬火温度由 1000℃ 升高到 1050℃ 时，钢材硬度提升，碳化物体积分数持续降低；可见，钢材硬度对初始锋利度的影响不大，初始锋利度的升高主要是由于钢中碳化物体积分数的减少。碳化物体积分数较大时，刀刃处形成的凹坑较多，导致刀刃表面摩擦系数较大，降低了刀具的初始锋利度。另外，当奥氏体化温度由 1000℃ 升高到 1050℃ 时，刀具耐磨性变化不大，而初始锋利度却逐渐上升，说明刀具初始锋利度与刀具耐磨性关系不大。当淬火温度由 1050℃ 上升到 1100℃ 时，钢中碳化物体积分数降低到 3% 左右，虽然钢材硬度下降了 HRC 2，但是刀具初始锋利度仍然处于上升状态，这也再次说明，在刃口几何形貌一致的条件下，影响刀具初始锋利度的主要因素是钢中碳化物的体积分数，刀具初始锋利度随碳化物体积分数的下降而提高。

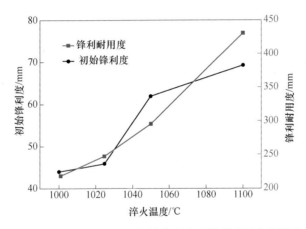

图 5-12　淬火温度对刀具初始锋利度和锋利耐用度的影响

由图 5-12 可知，锋利耐用度随奥氏体化温度的升高一直处于上升状态，与初始锋利度的变化趋势类似，说明碳化物体积分数的降低可以同时提高刀具的初始锋利度和锋利耐用度。

淬火过程中奥氏体化温度的变化主要通过影响钢中碳化物体积分数的方式影响钢材的锋利性能，钢材本身硬度对锋利性能的影响并不明显。随着钢中碳化物体积分数的减小，刀具初始锋利度和锋利耐用度均呈上升趋势。结合刀具锋利度测试过程中刀刃表面形貌分析，锋利性能降低的主要原因是钢中碳化物的脱落导致刀刃表面摩擦系数提高。一般情况下，碳化物硬度高于马氏体，均匀分布在钢材基体中的碳化物可以提高钢材的耐磨性。刀具锋利度测试过程中发现，分布在刀刃上的碳化物极易脱落，碳化物脱落后不仅会失去保护钢材基体的作用，还加速了刀具的磨损，降低了刀具的锋利性能。

钢中碳化物的脱落与其尺寸有关。当奥氏体化温度介于 $1000 \sim 1100℃$ 之间时，碳化物的平均尺寸均大于 $1\mu m$，这种球形的碳化物在基体中埋入的深度不多，在摩擦过程中容易受砂纸磨粒的剪切力而脱落。减少刀具用钢中大尺寸、球形的碳化物数量，获得大量纳米级、形状不规则的碳化物，会有效提高钢材的耐磨性和刀具刃口的保持能力，进一步提高刀具的锋利性能。

5.1.4　淬火保温时间对厨刀组织及性能的影响

5.1.4.1　淬火保温时间对组织和二次碳化物的影响

图 5-13 所示为 8Cr13MoV 钢淬火保温温度和保温时间下的晶粒形貌，图 5-14 所示为图 5-13 原奥氏体晶粒尺寸的统计结果。

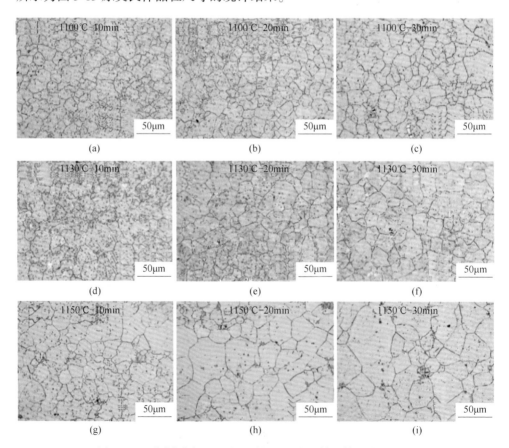

图 5-13　不同淬火保温温度和时间对原奥氏体晶体尺寸的影响

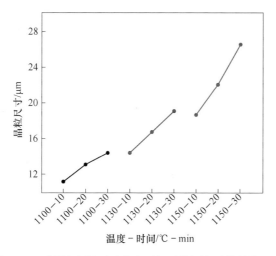

图 5-14 不同淬火保温温度和时间下的原奥氏体晶粒尺寸

由图 5-13 和图 5-14 可以看出，保温时间由 10min 增加到 30min 时，1100℃奥氏体化保温条件下，8Cr13MoV 钢原奥氏体晶粒尺寸由 11.25μm 增加到 14.40μm；1130℃奥氏体化保温条件下，原奥氏体晶粒尺寸由 14.43μm 增加到 19.06μm；1150℃奥氏体化保温条件下，原奥氏体晶粒尺寸由 18.62μm 增加到 26.37μm。随着保温温度的增加，保温时间对原奥氏体晶粒尺寸的影响增大。

8Cr13MoV 钢不同淬火保温温度和保温时间对组织和二次碳化物影响如图 5-15 和图 5-16 所示。

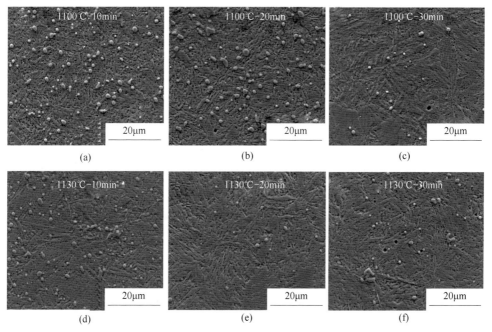

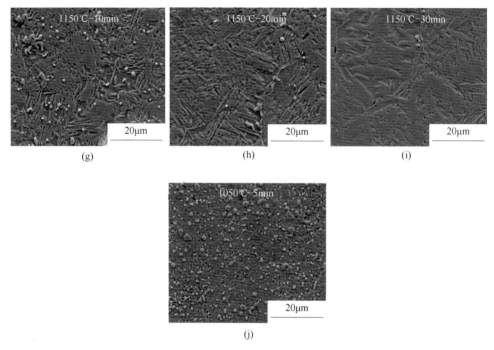

图 5-15 不同淬火保温温度和时间对组织和二次碳化物的影响

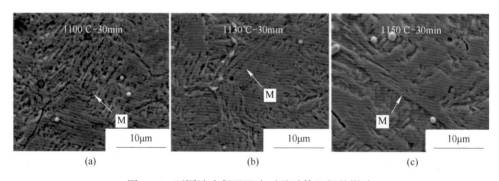

图 5-16 不同淬火保温温度对马氏体组织的影响

与图 5-15（j）中 1050℃-5min 的常规奥氏体化处理相比，1100℃保温 10min 后，大量二次碳化物发生溶解，如图 5-15（a）所示。淬火保温后的碳化物数量明显减少，分布也更加均匀。随着保温温度的升高和保温时间的延长，二次碳化物数量继续减少，当淬火保温温度提高至 1150℃，保温时间延长至 30min 时，二次碳化物已经基本完全溶解。但随着淬火保温温度的提高，马氏体组织也明显粗化，如图 5-16 所示。

不同淬火保温温度和时间对钢中二次碳化物数量密度影响的统计结果如图

5-17 所示。由图 5-17 可以看出，1050℃-5min 的常规奥氏体化保温处理后，二次碳化物数量密度为 0.19 个/μm^2。相较常规奥氏体化保温处理，淬火保温处理能够有效减小刀剪基体中的二次碳化物数量密度，1100℃-10min 淬火保温处理后，二次碳化物数量密度降低至 0.06 个/μm^2。在同一保温温度下，随着保温时间的延长，碳化物数量密度同样持续减小，1100℃-30min 淬火保温处理后，二次碳化物数量密度降低至 0.03 个/μm^2，而 1150℃-30min 淬火保温处理后，二次碳化物数量密度降低至 0.003 个/μm^2，即淬火保温处理能够有效溶解大尺寸二次碳化物。

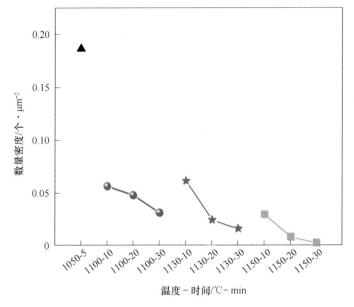

图 5-17　不同淬火保温温度和时间对二次碳化物数量密度的影响

5.1.4.2　淬火保温工艺对刀刃硬度和锋利性能的影响

图 5-18 所示为不同淬火保温温度和时间对刀剪维氏硬度的影响，刀剪均为淬火态；图 5-19 所示为不同淬火保温温度对刀剪锋利性能（刃包角约 25°）的影响，测试刀剪为回火态，回火保温温度 180℃，保温时间 2h。

由图 5-18 可以看出，冷轧退火态刀坯显微硬度为 HV 220，1100℃淬火保温 10min 后，刀剪硬度为 HV 699。随着保温时间的延长，刀剪硬度呈现先降低后升高趋势；随着淬火保温温度的升高，刀剪硬度进一步降低。1130℃保温 10min 后，刀剪硬度为 HV 493，随着保温时间的延长，刀剪硬度先降低后升高。1150℃保温 10min 后，刀剪硬度为 HV 396，当保温时间延长至 30min 时，刀剪硬度降低到 HV 349。

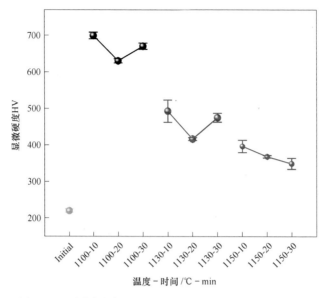

图 5-18 不同淬火保温温度和时间对刀剪维氏硬度的影响

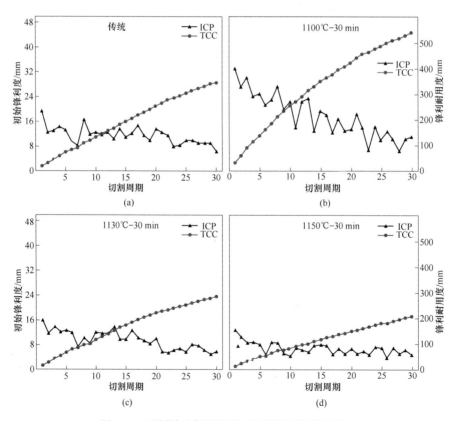

图 5-19 不同淬火保温温度对刀剪锋利性能的影响

由图 5-19 可以看出，常规淬回火（1050℃ 奥氏体化保温 5min，空冷淬火至室温，180℃ 回火 2h）刀剪初始锋利度为 44.8mm，锋利耐用度为 344.8mm，而 1100℃-30min 淬火保温处理后刀剪初始锋利度为 90.2mm，锋利耐用度为 537.7mm，初始锋利度上升了 101.3%，锋利耐用度上升了 55.9%。随着淬火保温温度的升高，刀剪锋利性能明显下降。1130℃-30min 淬火保温处理刀剪的初始锋利度和锋利耐用度分别为 41.2mm、282.5mm，而 1150℃-30min 淬火保温处理刀剪的初始锋利度和锋利耐用度分别为 32.1mm、205.5mm。

对于钢铁材料中第二相析出的强化效果，不同强度增量公式的推导过程均是以 Ashby-Orowan 模型为前提条件，强化增量的计算公式如下所示：[3]

$$\sigma_p = 8.995 \times 10^3 f^{0.5} d^{-1} \ln(2.417d) \tag{5-1}$$

式中，f 为析出相的体积分数，%；d 为析出相的平均直径，nm。

利用式（5-1）计算了析出相尺寸和体积分数对钢强度增量的影响，计算结果如图 5-20 所示。

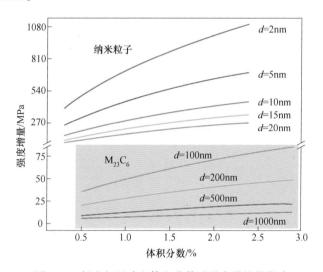

图 5-20　析出相尺寸和体积分数对强度增量的影响

由图 5-20 可以看出，随着析出相体积分数增加和尺寸减小，析出相提供的强度增量也在增大。体积分数 1%、直径 1μm 的 $M_{23}C_6$ 碳化物仅能提供 7MPa 的强度增量；而同样体积分数，直径 5nm 的析出相能够提供 448MPa 的强度增量。淬火或淬火保温过程中，8Cr13MoV 钢中小尺寸碳化物优先溶解，且尺寸越小，溶解越快。淬火后的二次碳化物的平均尺寸在 1μm 以上，提供的强度增量在 10MPa 左右，几乎可以忽略。

5.2 回火工艺

回火工艺是将经过淬火的工件重新加热到低于下临界温度 A_{c_1}（加热时珠光体向奥氏体转变的开始温度）的适当温度，保温一段时间后在空气或水、油等介质中冷却的金属热处理工艺；或将淬火后的合金工件加热到适当温度，保温若干时间，然后缓慢或快速冷却。一般用于减小或消除淬火钢件中的内应力，或者降低其硬度和强度，提高其延性或韧性。淬火后的工件应及时回火，通过淬火和回火的相配合，才可以获得所需的力学性能。

5.2.1 回火工艺特点

一般淬火后进行回火处理的目的是：

（1）消除工件淬火时产生的残留应力，防止变形和开裂。

（2）调整工件的硬度、强度、塑性和韧性，达到使用性能要求。

（3）稳定组织与尺寸，保证精度。

（4）改善和提高加工性能。

回火是工件获得所需性能的最后一道重要工序。通过淬火和回火的相配合，才可以获得所需的力学性能。

按回火温度范围，回火可分为低温回火、中温回火和高温回火。

（1）低温回火：工件在 150~250℃ 进行的回火。目的是保持淬火工件高的硬度和耐磨性，降低淬火残留应力和脆性。回火后得到回火马氏体。回火马氏体指淬火马氏体低温回火时得到的组织，一般具有高的硬度和耐磨性。低温回火主要应用于各类高碳钢的工具、刃具、量具、模具、滚动轴承、渗碳及表面淬火的零件等，马氏体不锈钢厨刀通常采用该种方式进行回火。

（2）中温回火：工件在 350~500℃ 进行的回火。目的是得到较高的弹性和屈服点、适当的韧性。回火后得到回火屈氏体。回火屈氏体指马氏体回火时形成的铁素体基体内分布着极其细小球状碳化物（或渗碳体）的复相组织，一般具有较高的弹性极限、屈服点和一定的韧性。中温回火主要用于弹簧、发条、锻模、冲击工具等。

（3）高温回火：工件在 500~650℃ 以上进行的回火。目的是得到强度、塑性和韧性都较好的综合力学性能。回火后得到回火索氏体。回火索氏体指马氏体回火时形成的铁素体基体内分布着细小球状碳化物（包括渗碳体）的复相组织，一般具有较好的综合力学性能。高温回火广泛用于各种较重要的受力结构件，如连杆、螺栓、齿轮及轴类零件等。

工件淬火并高温回火的复合热处理工艺称为调质。调质不仅作为最终热处理，也可对一些精密零件或感应淬火件预先热处理。

5.2.2 回火过程中厨刀组织和碳化物的转变

由于淬火后马氏体中的碳高度过饱和，马氏体具有很高的应变能和界面能，马氏体中存在一定量的残余奥氏体等原因，因而淬火后的组织非常不稳定。马氏体和残余奥氏体的不稳定状态与平衡状态的自由能差提供了转变的驱动力，使得回火转变成为一种自发的转变，一旦动力学条件具备，转变就会自发进行。这个动力学条件就是使原子具有足够的活动能力。回火处理就是通过加热提高原子的活动能力，使转变能在适当的速度或在适当的时间内进行，使转变达到所要求的程度。马氏体不锈钢的回火通常包含以下过程：马氏体中碳原子偏聚；马氏体分解；残余奥氏体转变；碳化物的析出和变化；碳化物聚集长大及铁素体的回复与再结晶[4]。这五个过程相互区别又互相重叠，并受扩散因素控制，因此其转变取决于回火温度和保温时间，其中回火温度是最主要的影响因素，而合金元素（Cr 等）对回火过程中的显微组织转变有很大影响，一般起阻碍作用，使回火转变的各阶段温度向高温推移。

不同回火温度下 10Cr15MoVCo 钢的微观组织如图 5-21 所示。由图 5-21 可以看出，回火组织由马氏体、块状一次碳化物、球粒状二次碳化物和残余奥氏体组

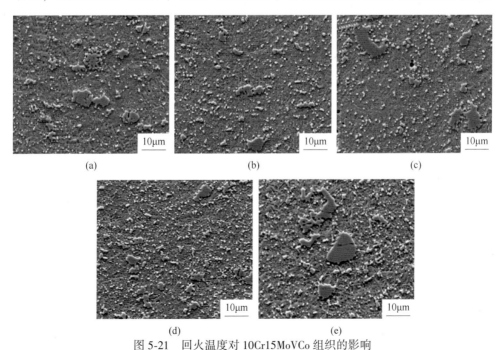

图 5-21　回火温度对 10Cr15MoVCo 组织的影响
(a) 180℃；(b) 200℃；(c) 220℃；(d) 240℃；(e) 300℃

成。当回火温度为180℃时，组织中含有少量的纳米级二次碳化物及少量的微米级一次碳化物；随着回火温度升高，钢中的二次碳化物数量逐渐增加，一次碳化物仍然存在；当温度达到300℃时，组织中含有大量的二次碳化物和少量的一次碳化物。

二次碳化物平均尺寸及面积分数统计结果如图5-22所示。由图5-22可以看出，回火温度为180℃时，二次碳化物的平均尺寸为0.73μm，二次碳化物面积分数为4.49%。随着回火温度的升高，合金元素对碳化物析出的阻碍作用减弱，C原子扩散速度增大，二次碳化物逐渐增多。当回火温度达到240℃时，二次碳化物大量析出，平均尺寸为0.59μm，面积分数为6.59%；回火温度为300℃时，二次碳化物平均尺寸减小至0.57μm，二次碳化物面积分数为7.79%。与180℃相比，300℃时二次碳化物的平均尺寸减小了21.92%，面积分数增加了73.50%。

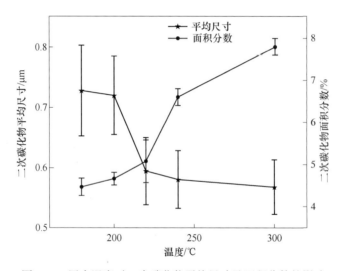

图5-22　回火温度对二次碳化物平均尺寸及面积分数的影响

180℃、240℃和300℃回火后样品的XRD衍射结果如图5-23所示。由图5-23可以看出，回火组织为马氏体、残余奥氏体和$M_{23}C_6$型二次碳化物，一次碳化物因含量较低未能被检测到。随着温度升高，10Cr15MoVCo钢中奥氏体峰减弱，残余奥氏体含量逐渐降低；$M_{23}C_6$碳化物峰逐渐增强，碳化物不断析出，含量增加。

回火温度对试样中残余奥氏体体积分数的影响如图5-24所示。由图5-24可以看出，相比于淬火组织，180℃回火时残余奥氏体已经开始分解，此时残余奥氏体含量为8.41%。随着回火温度继续升高，残余奥氏体不断分解为二次碳化物和α-Fe。当回火温度达到240℃时，残余奥氏体含量减少为6.55%；在300℃回火时，二次碳化物析出效果越来越明显，奥氏体区域变小，残余奥氏体出现明显分解，残余奥氏体迅速减少为4.47%。

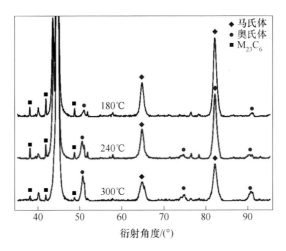

图 5-23　不同回火温度下 10Cr15MoVCo 的 XRD 衍射图谱

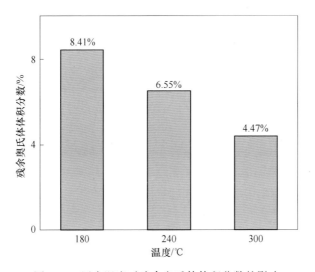

图 5-24　回火温度对残余奥氏体体积分数的影响

5.2.3　回火工艺对厨刀性能的影响

　　钢的回火包含软化及硬化两阶段。其中，软化阶段是由于马氏体和位错的回复导致的；硬化阶段是由于奥氏体不断分解、过饱和碳原子发生脱溶以及第二相不断析出导致的[5]。

　　图 5-25 所示为回火温度对钢材硬度的影响。由图 5-25 可知，回火温度为 180℃时，钢材硬度为 HRC 62.04；随着温度提高至 220℃，钢材硬度降低至 HRC 59.96；当温度为 300℃时，硬度为 HRC 58.02。出现这种情况的原因是，

当回火温度较低时，组织仍保持淬火组织形貌，硬度比较高。随着温度升高，虽然二次碳化物大量析出会有利于材料硬度提高，但马氏体中溶解的碳元素减少，马氏体和位错发生回复，对材料产生软化作用[6]，最终钢材的硬度显著减小。

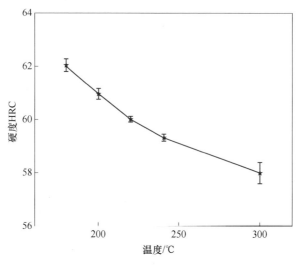

图 5-25　回火温度对硬度的影响

回火温度对冲击韧性的影响如图 5-26 所示。由图 5-26 可知，回火温度较低时，钢材冲击韧性较低，仅为 6J/cm² 左右；当回火温度达到 240℃时，冲击韧性达到最大，为 9.67J/cm²。此时钢材的冲击韧性与 1050℃淬火 15min 的材料相比提高了 52.76%。随着温度升高，内应力消失，晶格畸变程度降低，微观缺陷减少，这些因素最终使得 10Cr15MoVCo 的冲击韧性提高。

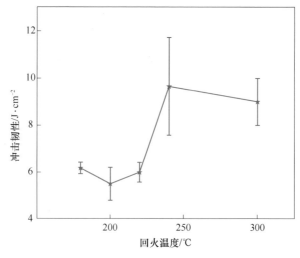

图 5-26　回火温度对冲击韧性的影响

结合回火组织、二次碳化物析出情况、钢材的硬度及韧性结果可知，10Cr15MoVCo 的最佳回火保温温度为 240℃。

5.3 其他热处理工艺

5.3.1 真空热处理

真空热处理的应用几乎包括全部热处理工艺，比如淬火、退火、回火、渗碳、氮化等，可实现气淬、油淬、硝盐淬、水淬等。图 5-27 所示为真空热处理炉外观。

图 5-27 真空热处理炉

真空加热有以下特点：（1）防止氧化作用；（2）真空脱气作用；（3）脱脂作用；（4）空载时炉子升温速度快；（5）真空高温下元素会蒸发；（6）工件的加热速度慢。其中前四个是有利的因素，后两个是不利的因素，因此并非真空度越高越好[7,8]。

传统的厨房刀具在热处理过程中，都在大气中实施处理，由于处理中刀具与空气充分接触，导致处理后的厨房刀具刀面容易受到氧化，易生锈，且硬度不均匀，使用过程中容易出现断裂的情况。

刀具真空热处理技术具有一系列突出的优点：

（1）真空热处理具有防氧化的作用。表面不氧化、不脱碳，并有还原除锈作用，省却刀具的粗加工工序，可节约昂贵的刀具钢材和原辅材料的消耗，节省加工时间，降低产品成本。

（2）真空热处理具有真空脱气、脱脂作用并无氢脆危险，可以使刀具表面达到光亮净化的效果，提高刀具的疲劳强度、塑性和韧性及耐腐蚀性，提高刀具的使用寿命。

（3）真空热处理具有淬火变形小的特点，可减少常规淬火变形的校正应力，降低刀片使用过程中断裂的可能性，真空热处理刀片的变形为盐浴淬火的1/2~1/10，淬火后一般不需要校正就可精磨加工至成品[9]。

（4）真空热处理工艺的稳定性和重复性好。一旦工艺确定，只要输入工艺程序，热处理操作将自动运行。可避免常规热处理工艺不稳定造成的刀具质量波动。

（5）真空热处理耗电少，电能消耗为常规热处理的80%，生产成本低，但一次性投资成本大。

（6）真空热处理操作安全、自动化程度高，工作环境好，无污染无公害，符合我国工业企业清洁生产和持续发展的要求。

5.3.2 气氛保护热处理

可控气氛热处理主要是防氧化和脱碳，并精确控制渗碳和渗氮。可控气氛热处理炉可实现计算机控制，能优化工艺参数，预测和精确控制碳浓度分布，获得理想的浓度分布和渗层组织，不仅能满足渗碳、碳氮共渗，而且能实现光亮淬火、光亮退火（能得到光亮金属表面的淬火、退火工艺）等多种热处理工艺。图5-28所示为某型号的高温气氛保护箱式炉，可进行氮气、氩气气氛保护热处理。

制作厨用刀具时，使用较多的是箱式气氛保护炉。当前大多数厨用刀具使用马氏体不锈钢材料，因为碳、铬扩散速度相差甚远，所以在奥氏体化时必须要有足够的保温时间才能将 C 和以 Cr 为主的合金元素溶解均匀；另外，马氏体不锈钢需要在1000~1100℃进行淬火处理，淬火处理时，如果没有保护，会产生严重的氧化和脱碳现象。

如果热处理气氛中氧含量增加以及加热温度升高，则马氏体不锈钢板材表面氧化程度加大的同时，氧化层厚度会增加。如果氧化层达到了一定厚度，就会形成氧化皮。由于氧化皮与钢的膨胀系数不同，会使氧化皮产生机械分离，不仅影响表面质量，而且会加速钢材的氧化。

钢表面氧化皮往往是造成淬火软点和淬火开裂的根源。氧化使钢件强度降低，其他力学性能下降。钢表面氧化一般伴随着表面脱碳。脱碳是指钢在加热时表面碳含量降低的现象。脱碳层由于被氧化，碳含量降低，金相组织中碳化物较少，将对板材组织产生不良影响。

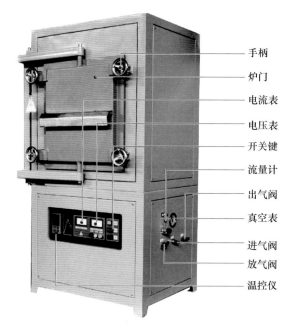

图 5-28   高温气氛保护箱式炉

5.3.3   化学热处理

化学热处理是利用化学反应，有时兼用物理方法改变钢件表层化学成分及组织结构，得到比均质材料的技术经济效益更好的金属热处理工艺。由于机械零件的失效和破坏大多数都萌发在表面层，特别在可能引起磨损、疲劳、金属腐蚀、氧化等条件下工作的零件，表面层的性能尤为重要。经化学热处理后的钢件，实质上可以认为是一种特殊复合材料。心部为原始成分的钢，表层则是渗入了合金元素的材料。心部与表层之间是紧密的晶体型结合，它比电镀等表面防护技术所获得的心部、表部的结合要强得多。

钢的化学热处理基本过程是由分解、吸附和扩散三个过程组成。实际生产过程中三者是连贯交错进行，相互配合、相互制约。渗入元素在金属内部的扩散过程是最复杂，影响因素最多、最敏感而又是最缓慢的过程。因此，扩散过程是整个化学热处理过程重要的控制因子。在某些情况下，化学渗剂的分解、吸附也能成为化学热处理的控制因子。

渗碳是刀具比较常用的化学热处理方式。渗碳是为了提高表层的碳含量并在其中形成一定的碳含量梯度，将工件在渗碳介质中加热、保温，使碳原子渗入到工件中。刀具通常只需对刀刃做渗碳，以获得硬度和强度高、耐磨性好、疲劳强度高的刃口，并且刀背保持更好的韧性。

5.3.4　深冷热处理

深冷处理是将金属在-100℃下进行处理，使柔软的残余奥氏体几乎全部转变成强度高的马氏体，减少表面疏松，降低表面粗糙度的一个热处理后工序。完成这个工序后，可以使金属强度增加、耐磨性增加、韧性增加，其他性能指标改善，可以实现模具或刀具翻新数次后仍然具有高耐磨性和高强度，寿命成倍增加。深冷处理不仅应用于刀剪产品，而且应用于制作刀剪产品的模具上，使模具寿命显著提高。

深冷处理的机理如下[10,11]：

（1）消除残余奥氏体。一般淬火回火后的残余奥氏体在 8%~20%，残余奥氏体会随着时间的推移进一步马氏体化，马氏体转变过程中会引起体积膨胀，对尺寸精度产生影响，并且使晶格内部应力增加，严重影响金属性能。深冷处理一般能使残余奥氏体降低到 2%以下，消除残余奥氏体的影响。如果钢组织中有较多的残余奥氏体，会降低强度，在周期应力作用下，容易疲劳软化，造成附近碳化物颗粒悬空，很快与基体脱落，产生剥落坑，形成较大粗糙度的表面。

（2）填补内部空隙，耐磨面增大。深冷处理可以使马氏体填补内部空隙，金属表面更加密实，耐磨面积增加，晶格更小，合金成分析出均匀，淬火层深度增加。可以使刀具翻新次数增加，寿命提高。

（3）析出碳化物颗粒：深冷处理不仅可以减少残余马氏体，还可以析出碳化物颗粒，细化马氏体孪晶。由于深冷时马氏体的收缩迫使晶格减少，驱使碳原子析出，而且低温下碳原子扩散困难，形成的碳化物尺寸达纳米级，附着在马氏体孪晶带上，增加硬度和韧性。深冷处理后金属的磨损形态与未深冷处理的显著不同，说明它们的磨损机理不同。深冷处理可以使绝大部分残余奥氏体马氏体化，并在马氏体内析出高弥散度的碳化物颗粒，伴随着基体组织的细微化。

（4）减少残余应力，金属基体更加稳定。

（5）金属材料的强度、韧性增加。红硬性显著增加。金属硬度提高 HRC 1~2。

5.3.4.1　深冷处理在刀具制作上的应用

通常的深冷处理，是按照降温、保温和升温三个阶段来进行的。

（1）降温阶段。缓慢降温的目的是彻底消除残余应力。在淬火和回火的过程中，金属基体内会产生残余应力，在残余奥氏体在向马氏体转变的过程中发生体积膨胀，也会使得残余应力增加，只有缓慢降温，才能抵消残余应力的增加，并彻底消除残余应力。一般情况下，不重视基体内的残余应力，但正是基体内的残余应力，使得刀剪产品产生崩裂等缺陷。快速降温反而会增加残余应力。

（2）保温阶段。保温的目的是使基体内的残余奥氏体尽可能全部转变为马氏体，并尽可能产生更多的碳化物颗粒。残余奥氏体向马氏体转变的过程是一个缓慢的过程，保温时间的长短会影响到残余奥氏体转变量。通常情况下，保温 2~4h 性能就有所改善，但如果是高质量的产品，需要使用 24h 以上的保温时间，刀具寿命的提高倍数与保温时间的长短有直接关系。

（3）升温阶段。缓慢升温的主要目的就是防止残余应力的产生。国内深冷处理一般采用液氮直冷法，将工件直接放入液氮内，保温时间比较短，一般保温时间与直径（mm）一致，这种办法会很大程度地增加残余应力，虽然性能有所改善，但毕竟不是一种安全可靠的方法。升温阶段一般升到室温即可，如果考虑到零件的特殊用途，如工作温度比较高等，可以再缓慢升到+160℃。

从深冷的机理可以看出，以上的降温、保温和升温工艺与材料的材质及大小关系不大，处理后的效果因材料因素而不同，国外几乎所有的工模具、刀剪、量刃具等都采用这种工艺进行深冷处理。一般认为，深冷处理应该在工件淬火2h内处理效果最好，因为残余奥氏体随着时间的推移会逐步向马氏体转变，而且转变后的马氏体会固化，从而降低析出碳化物的能力。

5.3.4.2 深冷工艺对钢材微观组织的影响

通过不同的处理观察刀坯组织及性能的变化：第一组，分别将刀坯加热到1000℃、1025℃、1050℃、1075℃、1100℃下保温15min，然后空冷至室温；第二组，分别将刀坯加热到1050℃、1075℃和1100℃下保温15min，出炉后放入液氮中进行深冷处理。

利用扫描电镜观察了普通淬火处理和深冷处理后钢材的微观组织，结果如图5-29所示。1050℃淬火后钢材组织主要为隐针马氏体和大量的二次碳化物；

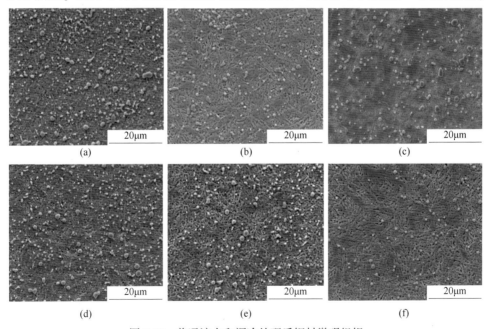

图5-29　普通淬火和深冷处理后钢材微观组织

（a）1050℃淬火；（b）1075℃淬火；（c）1100℃淬火；（d）1050℃深冷；（e）1075℃深冷；（f）1100℃深冷

1050℃淬火并深冷处理后，针状马氏体组织开始凸显，二次碳化物数量、尺寸和形貌均没有明显变化。1075℃淬火时，钢中二次碳化物数量有所减少，基体组织主要为针状马氏体，马氏体之间分布有少量的残余奥氏体；1075℃淬火并深冷处理后，针状马氏体轮廓更加明显，微观组织中没有发现残余奥氏体。1100℃淬火时，钢中马氏体含量减少，残余奥氏体比例大幅上升，二次碳化物数量减少，晶界轮廓开始显现；1100℃淬火并深冷后，钢中组织主要为针状马氏体，另外还有少量的残余奥氏体，二次碳化物数量明显减少。

利用 XRD 分析了深冷工艺对钢中物相组成的影响，XRD 扫描的角度范围为45°~90°，扫描速度为 1°/min，结果如图 5-30 所示。当奥氏体化温度为 1050℃时，钢中组织主要为马氏体和少量残余奥氏体。当奥氏体化温度由 1050℃上升到1100℃过程中，钢中奥氏体的特征峰逐渐升高，表明钢中残余奥氏体含量明显增多。1050℃和 1075℃淬火并深冷后，衍射峰中不存在奥氏体的特征峰。当奥氏体化温度达到 1100℃并深冷后，钢中出现较低的奥氏体特征峰。图 5-30 中物相分析结果与图 5-29 中微观组织形貌基本吻合。

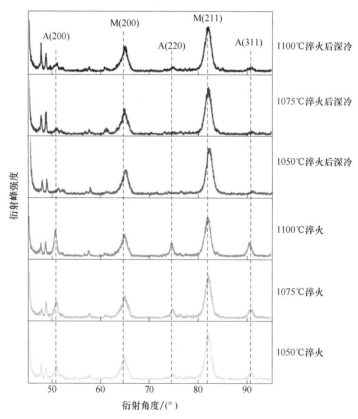

图 5-30　深冷处理对钢中物相组成的影响

（M 代表马氏体；A 代表奥氏体）

根据钢中残余奥氏体定量测定方法（YB/T 5338—2006），计算了普通淬火工艺和深冷处理后钢中残余奥氏体含量，结果如图 5-31 所示。

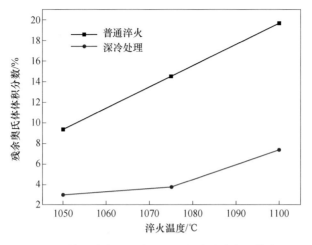

图 5-31 普通淬火和深冷处理后钢中残余奥氏体含量

普通淬火工艺中，当奥氏体化温度为 1050℃时残余奥氏体含量为 9.36%，随着奥氏体化温度的升高，残余奥氏体含量迅速上升，当奥氏体化温度为 1100℃时，残余奥氏体含量达到 19.72%；相比于普通淬火工艺，经过深冷处理的钢中残余奥氏体含量明显降低，当奥氏体化温度低于 1075℃时，残余奥氏体含量均低于 4%，当奥氏体化温度为 1100℃时，残余奥氏体含量为 7.29%。因此，深冷工艺可以有效促进室温下未发生马氏体转变的过冷奥氏体进一步转变成马氏体，提高淬火组织中马氏体含量。

5.3.4.3 深冷工艺对钢材硬度和耐磨性的影响

深冷工艺可以减少钢中残余奥氏体含量，使钢材硬度明显提高。深冷工艺对钢材硬度的影响如图 5-32 所示。普通淬火工艺条件下，当奥氏体化温度高于 1050℃时，随着温度升高钢材硬度呈急剧下降趋势，钢材硬度的下降主要是由于残余奥氏体含量的迅速升高。深冷处理后，由于残余奥氏体含量减少，钢材硬度普遍高于普通淬火工艺，只有当奥氏体化温度升高到 1100℃时，钢材硬度出现小幅下降。

深冷工艺对锋利度测试后刀具刃口形貌的影响如图 5-33 所示。由图 5-33 可以看出，普通淬火工艺后刃尖平面到刃包角顶点的距离为 44.0μm，而深冷工艺后此距离减少到 38.7μm，可见深冷工艺使刀具在锋利度测试过程中的磨损量减少。当奥氏体化温度为 1050℃时，普通淬火刀具的耐磨性为 8.8，而深冷处理后刀具的耐磨性为 11.2，耐磨性提高了 28%，耐磨性的提高归功于钢中马氏体含量的提高和钢材硬度的提高。

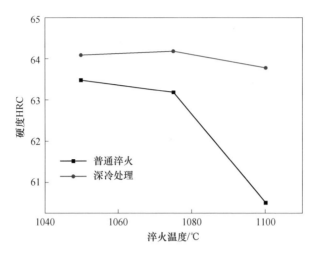

图 5-32 深冷处理对钢材硬度的影响

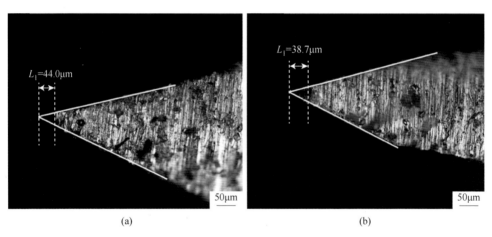

(a)   (b)

图 5-33 深冷工艺对锋利度测试后刀具刃口形貌的影响
（a）普通淬火工艺；（b）深冷工艺

5.3.4.4 深冷工艺对刀具锋利性能的影响及作用机理

将普通淬火工艺和深冷处理后的刀坯进行相同的回火和开刃处理，刃包角均为 39°。测定普通淬火和深冷处理两种工艺条件下刀具的锋利性能，结果如图 5-34 所示。

由锋利度测试曲线可知，普通淬火工艺的刀具初始锋利度为 40.6mm，而经过深冷处理的刀具初始锋利度为 72.0mm，深冷工艺后初始锋利度提高了 77%。根据图 5-32 中结果可知，当奥氏体化温度为 1050℃时，普通淬火工艺下钢材硬度为 63.5 HRC，而深冷处理后钢材硬度为 HRC 64.4。普通淬火工艺中钢中残余

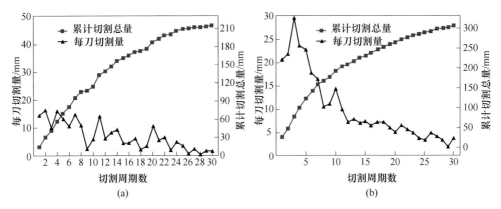

图 5-34　深冷工艺对刀具锋利性能的影响

（a）普通淬火；（b）深冷处理

奥氏体含量为 9.36%，深冷处理后钢中残余奥氏体含量为 2.99%。深冷工艺并不会影响钢中碳化物的体积分数，刀具初始锋利度的提高主要归因于钢材硬度的提高和马氏体含量的提高。

普通淬火工艺的刀具锋利耐用度为 214mm，经过深冷处理后的刀具锋利耐用度为 301.2mm，深冷工艺后刀具的锋利耐用度提高了 41%。由锋利度测试曲线可知，普通淬火工艺条件下刀具每刀切割量自恢复能力较强，即每刀切割量在一个下降周期后又能迅速升高。而深冷处理后，刀具从第 3 切割周期到第 8 切割周期经历了漫长的下降过程，且从第 10 个切割周期后，每刀切割量再无明显回升。分析认为：由于普通淬火工艺中含有较高的残余奥氏体含量（9.36%），在锋利度测试过程中，残余奥氏体更容易被磨掉，残余奥氏体磨掉后，其周围的马氏体基体磨损速度也相应加快，因此，普通淬火工艺的刀刃几何形貌被破坏后可以更容易地通过后续的切割过程使刃口恢复到较好的状态。深冷处理后的刀刃残余奥氏体含量只有 2.99%，其马氏体含量高于普通淬火工艺，马氏体硬度较高，在锋利度测试过程中刀刃几何形貌不容易被改变，且刀刃形貌一旦改变后也不容易在后续的切割过程中恢复，导致深冷后的刀具锋利度测试曲线呈现缓慢下降的趋势。

从每刀切割量的变化曲线来看，普通淬火工艺在 30 个切割周期中出现了 11 个下降段，而深冷处理后的刀具在 30 个切割周期中只出现了 7 个下降段。每个下降段代表刀刃几何形貌的一次破坏，因此深冷处理后的刀刃具有更好的保持原有几何形貌的能力。综上所述，深冷工艺可以降低钢中残余奥氏体含量，提高钢材硬度和耐磨性，有效提高刀具的初始锋利度，同时提高刀刃保持原有形貌的能力，使刀具的锋利耐用度获得有效的提高。

参 考 文 献

［1］管鄂. 淬火新技术［M］. 上海：上海科学技术出版社，1987.

［2］Sabrina Marcelin, Nadine Pébère, Sophie Régnier. Electrochemical characterization of a martensitic stainless steel in a neutralchloride solution ［J］. Electrochimica Acta, 2013, 87：32-40.

［3］雍岐龙. 钢铁材料中的第二相［M］. 北京：冶金工业出版社，2006.

［4］胡光立，谢希文. 钢的热处理：原理和工艺［M］. 西安：西北工业大学出版社，2011.

［5］Seol J B, Jung J E, Jang Y W, et al. Influence of carbon content on the microstructure, martensitic transformation and mechanical properties in austenite/ε-martensite dual-phase Fe-Mn-C steels［J］. Acta Materialia, 2013, 61(2)：558-578.

［6］Tsuchiyama T, Tobata J, Tao T, et al. Quenching and partitioning treatment of a low-carbon martensitic stainless steel［J］. Materials Science and Engineering：A, 2012, 532：585-592.

［7］夏立芳. 金属热处理工艺学［M］. 哈尔滨：哈尔滨工业大学出版社，1986.

［8］陈再良. 先进热处理制造技术［M］. 北京：机械工业出版社，2002.

［9］国际金属加工网. 浅谈刀具真空热处理技术的优势与特点(mmsonline. com. cn).

［10］赵步青. 高速钢刀具深冷处理问题探讨［J］. 金属加工：热加工，2012(S2)：4.

［11］何小玉. 刀具深冷处理技术研究及应用［J］. 机械研究与应用，2021,34(2)：204-209.

6 辊锻形变热处理工艺在厨刀制备中的应用

6.1 辊锻形变热处理对组织和碳化物的影响

6.1.1 辊锻形变热处理工艺

大量弥散分布的纳米级碳化物有助于进一步提高厨刀的硬度和锋利性能。传统的二次硬化是在钢中加入碳化物形成元素，如 Ti、Mo、Nb、V、W。这种钢回火温度在 $500\sim600\,^{\circ}\mathrm{C}$ 范围内出现显著的硬化效应。二次硬化效果取决于置换固溶元素的扩散，需在较高温度范围才能有效进行，而高温下马氏体迅速分解，显著降低刀剪的硬度和耐磨性，故刀剪用高碳马氏体不锈钢一般采用低温回火，时间为 $1\sim3\mathrm{h}$。但较低回火温度下仅去除部分内应力，无法有效析出纳米级碳化物。另外，传统制刀工艺中，刀坯是在淬-回火后直接磨到要求厚度开刃，磨制过程中刃部温度升高，会降低刀刃硬度，而且磨削过程费时费力，磨损余料与砂轮材料混合在一起，余料回收难度大、利用率低，因此，提出了辊锻热处理工艺。

辊锻是回转锻造的一种，是材料在一对反向旋转模具的作用下产生塑形变形得到所需锻件或锻坯的塑性成型工艺。用于制刀的辊锻热处理工艺是指将刀具刃部加热到奥氏体化温度，保温一段时间后出炉，对刀具刃部进行多道次的辊锻，辊锻后，刀刃厚度由 $2.5\mathrm{mm}$ 减小到 $1.0\sim1.5\mathrm{mm}$，随后空冷至室温；将辊锻刀具进行再结晶退火后，进行二次淬火、回火。形变热处理能够改变钢的二次硬化特征[1]。辊锻作为一种梯度形变热处理工艺，将刀坯锻造至成品刀形状的同时，可以显著细化刃部晶粒，并在刀刃处产生大量位错，促进纳米碳化物的析出，有助于提高刀具的锋利性能。辊锻工艺的应用，减轻了工匠的劳动负担，提高了劳动效率，刀刃减薄后的余料可以直接回收，余料利用率高。

辊锻工艺兼有锻和轧的特点，其产品精度较高，表面粗糙度也较小，锻件质量好，辊锻时的金属纤维组织连续按锻件外廓分布，未被切断，组织均匀度高，力学性能好；辊锻连续转运，相对其他的锻造而言，生产效率高，设备结构简单，对厂房和地基要求低，模具寿命长。辊锻是静压过程，金属和模具间相对滑动少，因而辊锻模具寿命比锻模寿命更长；辊锻过程是逐步的、连续的变形过程，变形的每一瞬间，模具只与刀坯一部分接触，因此需要的设备吨位小；工艺过程简单，冲击相对小，劳动条件好，易于实现自动化。

常规淬回火及辊锻淬回火工艺路线图如图 6-1 所示。由图 6-1 可以看出，常规淬回火工艺为：刀具加热到 1050℃奥氏体化保温 5min 后取出空冷淬火，冷却后进行低温回火处理，回火温度为 180~200℃，回火时间 2~3h，即获得了普通刀坯。辊锻淬回火工艺为：刀具加热到 1050℃保温 5min 后取出进行辊锻，即梯度的奥氏体形变处理，形变温度为 600℃。刀具冷却后进行低温回火处理，回火温度为 200~300℃，在达到所需的回火时间后取出刀坯进行空冷，获得辊锻刀坯。

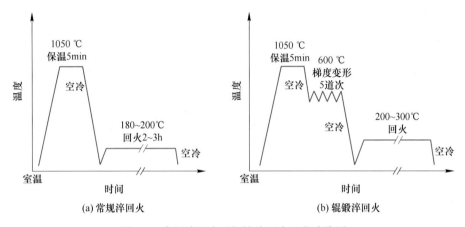

图 6-1　常规淬回火及辊锻淬回火工艺路线图

辊锻处理后的刀坯不同位置的厚度测量结果如图 6-2 所示。由图 6-2 可以看出，辊锻刀具刃部形变量最大，厚度为 1.538mm，相较于刀背，刃部厚度减小了 1.242mm，减小了 44.7%。距刀刃 1 cm 的刀体形变量稍小，厚度为 2.198mm。随着距离的增加，刀具形变量快速减小，刀体厚度增加，在距离刀刃 5cm 处刀体厚度达到最大，为 2.848mm。随着距离的进一步增加，刀体厚度降低至 2.780mm。由图 6-2 可知，用于制刀的辊锻处理仅对刀具部分区域（距刀刃约 5cm 宽的范围）施加变形。因此，选取变形量不同的区域 1~6，分别编号 1 号、2 号、3 号、4 号、5 号和 6 号统计碳化物和测试显微硬度，选取变形量不同的区域 7、8 和 9，分别编号 7 号、8 号和 9 号进行 XRD 测试。本节中分析的刀具刀片宽度为 9cm，辊锻区域宽度约 4.5cm，刃包角在 27°~34°。

6.1.2 辊锻热处理工艺对碳化物的影响

对辊锻变形量不同区域 1~6，编号分别为 1 号、2 号、4 号和 6 号的碳化物进行分析。碳化物的分布情况如图 6-3 所示。二次碳化物弥散地分布在基体中。

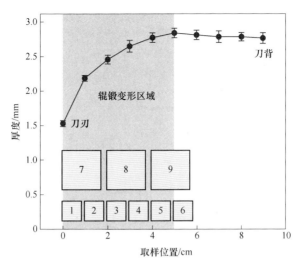

图 6-2　辊锻刀坯厚度分布及取样示意图

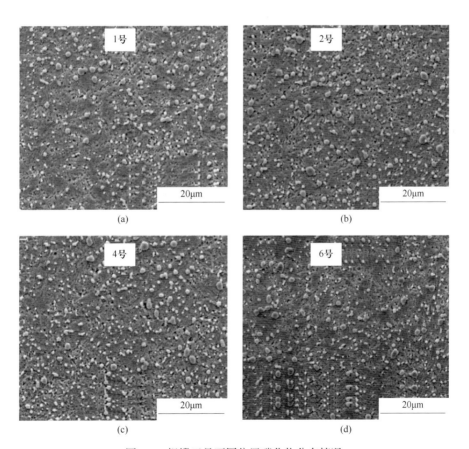

图 6-3　辊锻刀具不同位置碳化物分布情况

不同位置碳化物平均数量和平均尺寸分析结果如图 6-4 所示。由图 6-4 可以看出，1 号样品，即刀具刃口部位，碳化物平均数量最多，为 59.8 个，而平均尺寸最小，为 0.67μm；随着形变量的减小，刀体中碳化物平均数量略有减少，平均尺寸少量增加；无变形的 6 号样品中碳化物平均数量减少至 49.3 个，平均尺寸增加至 0.73μm。

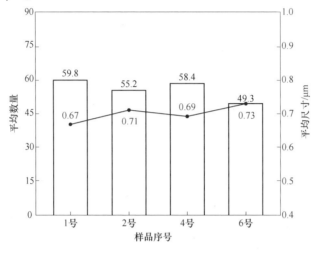

图 6-4　不同位置碳化物平均数量和平均尺寸

不同位置碳化物尺寸分布的统计结果如图 6-5 所示。由图 6-5 可以看出，刀具刃尖处 1 号样品中 0.3～0.5μm 的碳化物比例最大，达到 33.11%，尺寸大于 1μm 的碳化物比例最小，仅为 9.70%。远离刃尖的 6 号样品中 0.3～0.5μm 的碳化物比例最小，仅 23.86%，尺寸大于 1μm 的碳化物比例最大，达到 15.74%。2 号样品和 4 号样品各尺寸碳化物比例相差不大。

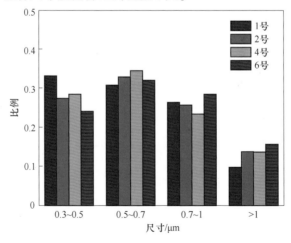

图 6-5　不同位置碳化物尺寸分布

6.1.3 辊锻热处理工艺对厨刀组织的影响

对辊锻刀具距刀刃不同距离处的组织，进行 EBSD 分析，结果如图 6-6 所示。

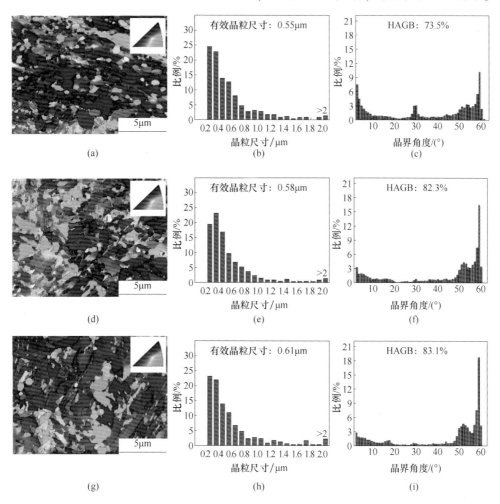

图 6-6　辊锻刀具组织 EBSD 分析结果

(a)~(c) 刀刃处；(d)~(f) 距刀刃 3 cm；(g)~(i) 距刀刃 6cm

由图 6-6 (a)~(c) 可以看出，辊锻刀具刃口处晶粒细小，平均有效晶粒尺寸为 0.55μm，大角度晶界占比 73.5%；由图 6-6 (d)~(f) 可以看出，距刀刃 3cm 处，平均有效晶粒尺寸增大到 0.58μm，大角度晶界占比为 82.3%，晶粒尺寸分布的均匀性降低，基体出现了一定程度的混晶；由图 6-6 (g)~(i) 可以看出，距刀刃 6cm 处晶粒尺寸继续增大，平均有效晶粒尺寸增大至 0.61μm，大角度晶界占比为 83.1%，晶粒尺寸分布的均匀性显著降低，基体出现了明显的混晶。

选取变形量不同的区域 7、8 和 9，分别编号 7 号、8 号和 9 号进行 XRD 衍射测试，结果如图 6-7 所示。

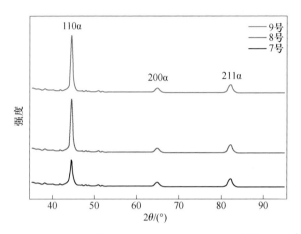

图 6-7 辊锻刀具不同变形量的 XRD 衍射峰

计算出的残余奥氏体的含量如图 6-8 所示。由图 6-8 可以看出，辊锻过程中较大的变形量抑制了淬回火过程中奥氏体向马氏体的转变，使刃口残余奥氏体含量由 3.72% 提高到 6.18%。

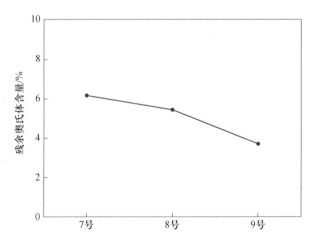

图 6-8 不同变形量对高碳马氏体不锈钢残余奥氏体含量的影响

计算出的马氏体 XRD 衍射峰半峰宽结果如图 6-9 所示。由图 6-9 可以看出，辊锻刀具刃尖马氏体相的 {110} 衍射峰半峰宽数值为 0.567。距刀刃 3cm 处 {110} 衍射峰半峰宽数值降至 0.493。距刀刃 6cm 处 {110} 衍射峰半峰宽数值为 0.487。马氏体相的 {200}、{211} 衍射峰半峰宽有相似的变化规律。辊锻刀具刃尖处马氏体半峰宽数值较大，而距刀刃 3cm 和 6cm 处，马氏体半峰宽数值较小，说明辊锻刀具变形量最大的刃尖处位错密度较大，变形量小的位置位错密度较小。

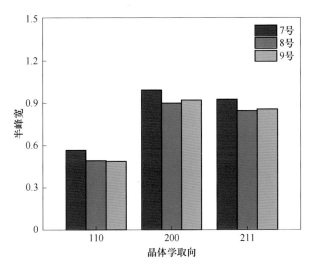

图 6-9　辊锻变形量对辊锻刀具马氏体 XRD 衍射峰半峰宽的影响

辊锻处理细化了刀具刃口处晶粒，使平均晶粒尺寸由 0.61μm 减小到 0.55μm，同时提高了晶粒尺寸分布的均匀性；抑制了淬火过程中奥氏体向马氏体的转变，使刃口残余奥氏体含量由 3.72% 提高到 6.18%；提高了刃尖碳化物数量，减小了碳化物平均尺寸。

6.2 辊锻热处理工艺对厨刀性能的影响

6.2.1 辊锻热处理对厨刀硬度的影响

对辊锻刀具变形量不同的区域（如图 6-2 中分别编号 1 号、2 号、3 号、4 号、5 号和 6 号）进行显微硬度测试，结果如图 6-10 所示。

由图 6-10 可知，位于刀刃处的 1 号样品显微硬度最高，为 HV 719，随着变形量的减小，刀体的显微硬度迅速降低，2 号样品硬度为 HV 696，3 号样品硬度为 HV 676，而刀背无变形的 6 号样品显微硬度仅为 HV 645，辊锻处理能够显著提升刀具刃口的硬度。

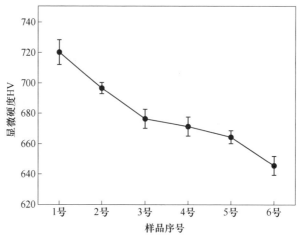

图 6-10 辊锻刀具硬度分布

6.2.2 辊锻热处理对厨刀锋利性能的影响

常规淬回火处理和辊锻处理对刀具锋利性能（刀具刃包角约 27°）的影响如图 6-11 所示。

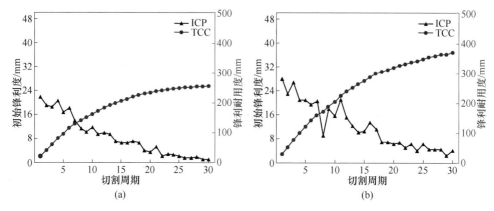

图 6-11 辊锻工艺对刀具锋利性能的影响

（ICP 和 TCC 分别为初始锋利度和锋利耐用度）

（a）普通刀具；（b）辊锻刀具

由图 6-11 可以看出，常规淬回火工艺生产的刀具初始锋利度为 59.3mm，锋利耐用度为 255.7mm。当辊锻温度提高到 600℃ 时，刀具初始锋利度提高到 77.2mm，锋利耐用度提高到了 365.1mm。相较常规淬回火处理，600℃ 辊锻处理能够有效提升刀具的硬度和锋利性能。

6.3　低温回火二次硬化对辊锻厨刀组织及性能的影响

　　常规的低温回火工艺没有充分发挥辊锻刀具中纳米碳化物弥散析出和硬化潜力，因此，提出辊锻淬火及后续的延时低温回火工艺，以获得大量弥散分布的纳米级碳化物。

6.3.1　低温回火工艺对刀具性能的影响

　　选用 600℃ 辊锻刀具和未辊锻刀具进行低温回火，得到不同低温回火工艺处理时刀具硬度和锋利性能的变化趋势。回火温度分别为 200℃、220℃、240℃ 和 300℃，根据回火温度的不同，回火时间也有差异，刀具低温回火后进行磨削开刃，刃包角约 30°。刀具回火后的显微硬度如图 6-12 所示。

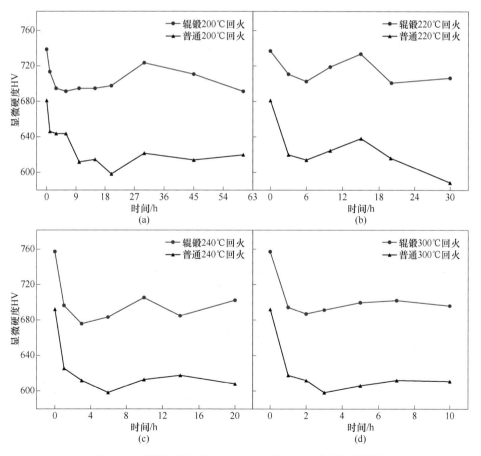

图 6-12　低温回火温度和时间对刀具刃口显微硬度的影响

由图 6-12（a）可以看出，辊锻刀具淬火状态刃尖显微硬度为 HV 738，200℃回火 1h 刀具刃尖显微硬度为 HV 716，回火 3h 刀具刃尖硬度降低至 HV 694，回火 3~20h 刀具刃尖显微硬度在 HV 694 左右，随着回火时间的进一步延长，当回火时间延长至 30h 时，辊锻刀具的显微硬度提高至 HV 723，出现了显著的二次硬化现象；当回火时间继续延长至 60h 时，刀具刃尖显微硬度缓慢降低。普通刀具淬火状态刃尖显微硬度为 HV 681，200℃回火 1h 刀具刃尖显微硬度降低至 HV 646，回火 3h 刀具刃尖硬度为 HV 643，随着回火时间的延长，刀具刃尖显微硬度持续降低，当回火时间延长至 20h 时，刀具刃尖显微硬度降低至 HV 598；类似地，随着回火时间的进一步延长，当回火时间延长至 30h 时，刀具刃尖显微硬度明显提高，达 HV 621，当回火时间延长至 60h 时，普通刀具显微硬度基本稳定在 HV 620。

由图 6-12 可知，随着回火温度的提升，淬火态 8Cr13MoV 马氏体不锈钢在低温回火过程中均存在显著的二次硬化现象，且二次硬化所需时间随着回火温度的提升而缩短。不同回火温度、回火时间下辊锻和普通刀具的二次硬化特征见表 6-1。

表 6-1　低温回火工艺对辊锻刀具和普通刀具二次硬化的影响

项　　目	200℃	220℃	240℃	300℃
二次硬化峰位置/h	30	15	10 ~ 14	7
回火初期硬度增量（辊锻刀具）（HV）	−47	−34	−82	−70
回火初期硬度增量（普通刀具）（HV）	−82	−67	−93	−93
二次硬化增量（辊锻刀具）（HV）	33	31	30	15
二次硬化增量（普通刀具）（HV）	23	24	21	14
总增量（辊锻）（HV）	−14	−3	−52	−55
总增量（普通）（HV）	−59	−43	−72	−79

由表 6-1 可以看出，相同回火温度下，辊锻刀具和普通刀具二次硬化峰位相同或相近，如 200℃回火温度下，辊锻刀具和普通刀具二次硬化峰峰位都为 30h，随着回火温度的提高，二次硬化峰峰位显著提前，220℃回火时，二次硬化峰峰位为 15h；240℃回火时，二次硬化峰峰位提前至 10~14h；而 300℃回火时，二次硬化峰峰位为 7h。提高回火温度有利于二次硬化峰位的提前，即减少了达到二次硬化峰值所需的时间。

表 6-1 中的回火初期硬度增量指的是回火初期显微硬度极小值与淬火态刀具显微硬度的差值，数值越大表明回火初期刀具的软化程度越小。可以看出，辊锻刀具回火初期软化程度明显小于普通刀具，且回火温度 220℃时，软化程度最小。

表 6-1 中的二次硬化增量指的是二次硬化峰对应的显微硬度与回火初期显微

硬度极小值的差值。其中，辊锻刀具二次硬化增量明显大于普通刀具，且200℃、220℃、240℃三个温度下刀具二次硬化增量相近，而300℃下刀具二次硬化增量明显偏小。

表6-1中的总增量指的是二次硬化峰对应的显微硬度与淬火态刀具显微硬度的差值，数值越大，表明二次硬化越显著。辊锻刀具二次硬化效果均好于相应回火工艺下的普通刀具。相较其他回火温度，回火温度为220℃时，刀具的二次硬化效果最好；辊锻刀具220℃回火15h后，其显微硬度仅比淬火态刀具低3HV。

淬火态下，辊锻刀具显微硬度明显高于普通刀具。低温回火过程中，辊锻刀具和普通刀具均存在明显的二次硬化效应，辊锻能够抑制回火初期刀具的软化，并能提高后续低温回火过程中的二次硬化效果，但对二次硬化峰位没有影响。回火温度从200℃提高到220℃，刀具的二次硬化速度得到明显加快，达到峰值所需时间由200℃的30h减少到220℃的15h，且没有损害二次硬化效果。而进一步提高回火温度会加剧回火初期的软化，二次硬化效果也明显减弱。

图6-13所示为普通刀具和辊锻刀具在不同低温回火处理过程中初始锋利度和锋利耐用度的变化。

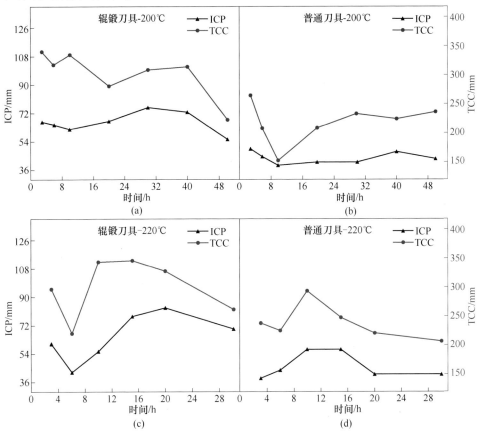

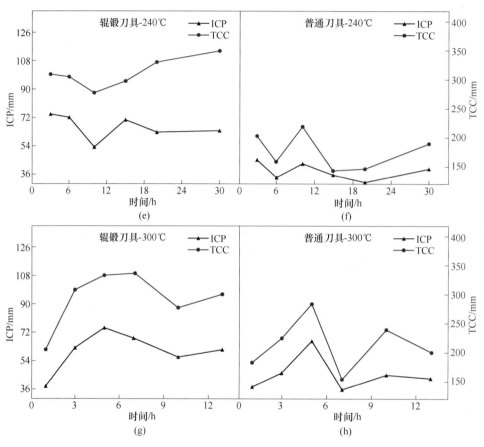

图 6-13 低温回火温度和时间对刀具锋利性能的影响

由图 6-13 可以看出，200℃、220℃ 和 240℃ 回火初期，刀具的锋利性能下降，随着回火时间的延长，刀具的锋利性能再次提高，300℃ 回火初期，刀具锋利性能较差，随着回火时间的延长，刀具锋利性能先提高后降低。以辊锻刀具 220℃ 回火为例，回火 3h 时辊锻刀具初始锋利度为 56.3mm，锋利耐用度为 296.2mm。随着回火时间的延长，回火时间为 6h 时，辊锻刀具初始锋利度降低至 37.8mm，锋利耐用度降低至 221.2mm。回火时间为 15h 时，辊锻刀具初始锋利度提高至 75.1mm，锋利耐用度提高至 345.1mm，与 220℃ 回火 6h 相比，刀具初始锋利度提高了 98.7%，锋利耐用度提高了 56.0%。随着回火时间的延长，辊锻刀具锋利性能再次降低，当回火时间为 30h 时，辊锻刀具初始锋利度降低至 67mm，锋利耐用度降低至 261.7mm。220℃ 回火过程中，刀具锋利性能同样出现了"二次硬化"的现象，且与显微硬度变化趋势相近，达到峰值所需回火时间也相近。类似地，图 6-13 中其他条件下刀具锋利性能变化曲线也都存在"二次硬化"的现象，且与图 6-12 对应的显微硬度曲线变化趋势相近。

6.3.2 低温回火工艺对刀具组织和碳化物的影响

取辊锻温度 600℃、220℃回火 3h、15h 和 30h 的刀具分析不同回火时间对刀具显微组织的影响，结果如图 6-14 所示。可以看出，回火时间从 3h 延长至 15h，辊锻刀具刃口处有效晶粒尺寸明显增大，随着回火时间的继续延长，刃口处有效晶粒尺寸变化不大。

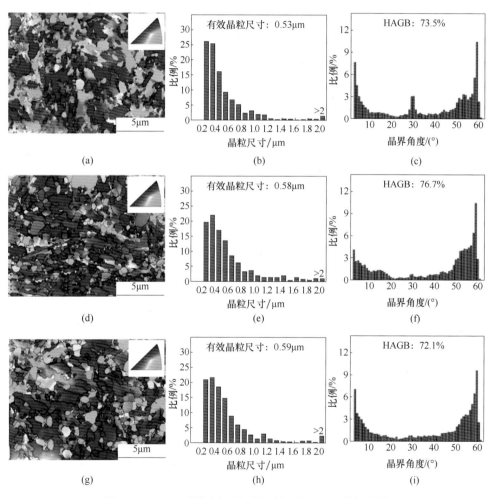

图 6-14 220℃不同回火时间的刀具组织 EBSD 分析结果

(a)~(c) 3h；(d)~(f) 15h；(g)~(i) 30h

图 6-15 所示为普通刀具和辊锻刀具回火后的 XRD 衍射峰。由图 6-15（a）可以看出，普通刀具常规回火（180℃回火 3h）后基体中主要存在的析出相为 $M_{23}C_6$ 碳化物，普通刀具 220℃回火 3h 和 15h 后，衍射峰 43.5°出现鼓包，且

220℃回火 15h 后鼓包高度明显高于回火 3h 后的鼓包高度，该衍射峰对应的相为 $CrFe_7C_{0.45}$ 碳化物。由图 6-15（b）可以看出，辊锻刀具常规回火、220℃回火 3h 后，基体中主要存在的析出相均为 $M_{23}C_6$ 碳化物。辊锻刀具 220℃回火 15h 后，衍射峰 43.5° 同样出现鼓包，辊锻刀具 220℃回火 15h 后也析出了 $CrFe_7C_{0.45}$ 碳化物。

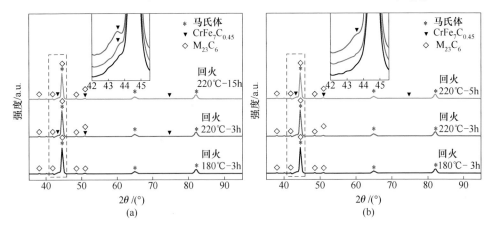

图 6-15 普通刀具和辊锻刀具回火后的 XRD 衍射峰

（a）普通刀具；（b）辊锻刀具

在回火过程中，淬火态钢基体位错密度的大幅降低会导致衍射峰明显变窄。图 6-16 所示为淬火态、220℃回火 3h 和 220℃回火 15h 时辊锻刀具 XRD 的检测结果。

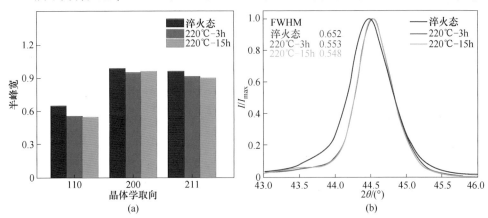

图 6-16 回火前后辊锻刀具 XRD 检测结果

由图 6-16 可以看出，淬火态辊锻刀具马氏体相的 {110} 衍射峰半峰宽数值为 0.652，220℃回火 3h 后 {110} 衍射峰半峰宽数值降至 0.553，而在回火 15h 后 {110} 衍射峰半峰宽数值为 0.548，即回火初期，{110} 衍射峰半峰宽数值明显减小，而在后续的回火过程中半峰宽数值变化较小，马氏体相的 {200}、

｛211｝衍射峰半峰宽有相似的变化规律。220℃回火初期（3h），半峰宽数值相对淬火态明显减小，之后随着时间的延长半峰宽数值变化较小，这说明回火初期淬火态辊锻刀具基体位错密度显著降低，而在后续回火过程中基体位错密度变化不大。

普通（常规热处理）刀具和辊锻热处理刀具220℃回火不同时间后碳化物的分布、平均尺寸和数量如图6-17和图6-18所示。

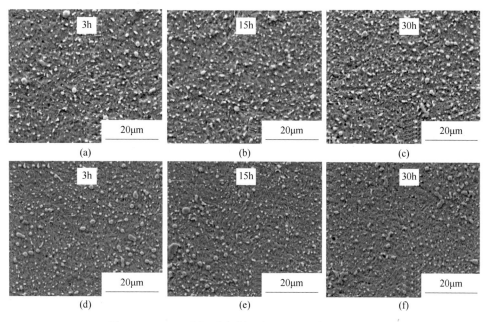

图6-17　220℃回火不同时间对刀具刃口碳化物的影响

（a）~（c）辊锻刀具；（d）~（f）普通刀具

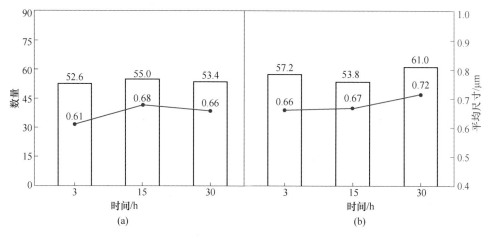

图6-18　220℃回火不同时间碳化物数量和平均尺寸的统计结果

（a）普通刀具；（b）辊锻刀具

由图 6-17 和图 6-18 可以看出，普通刀具 220℃ 回火 3h 后，微米级碳化物平均数量为 52.6 个，平均尺寸为 0.61μm，随着回火时间的延长，普通刀具刃口处微米级碳化物平均数量和尺寸变化不大。类似地，辊锻刀具 220℃ 回火 3h 后，碳化物平均数量为 57.2 个，平均尺寸为 0.66μm，随着回火时间的延长，辊锻刀具刃口处碳化物平均数量和尺寸变化不大。即 220℃ 延时低温回火对普通刀具和辊锻刀具微米级碳化物的分布、平均尺寸和数量的影响较小。

图 6-19 和图 6-20 所示为普通刀具和辊锻刀具 220℃ 回火不同时间纳米级碳化物尺寸、形貌及分布。

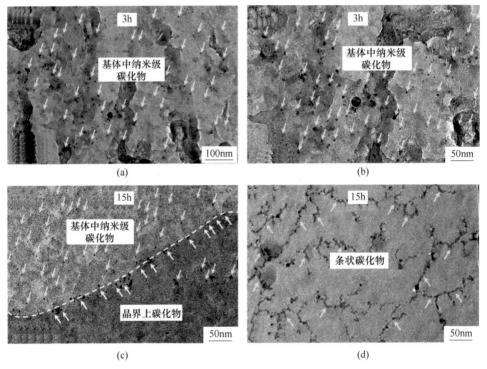

图 6-19　普通刀具 220℃ 回火不同时间纳米级碳化物尺寸、形貌及分布

由图 6-19 可以看出，普通刀具 220℃ 回火 3h 基体中析出了大量纳米级碳化物，当回火时间为 15h 时基体中析出了更多的纳米级碳化物，但晶界上碳化物尺寸更大，且出现了大量条状碳化物。由图 6-20 可以看出，辊锻刀具淬火态、220℃ 回火 3h 后，基体中都未析出纳米级碳化物，当回火时间延长至 15h 时基体中出现了大量纳米级碳化物。

8Cr13MoV 普通刀具在 220℃ 回火 3h 和 15h 后，基体中出现了大量弥散的纳米级碳化物，其中回火 15h 后，普通刀具显微硬度达到峰值，此时，基体析出相数量密度更大，部分析出相出现了粗化。8Cr13MoV 辊锻刀具在 220℃ 回火 15h 后

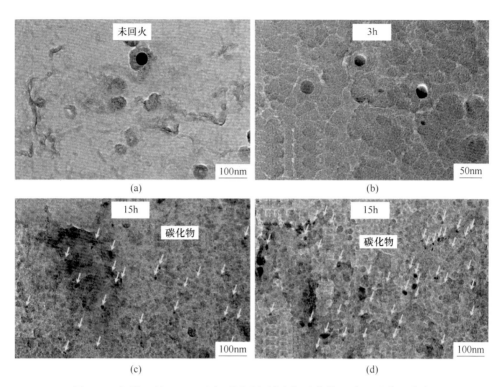

图6-20　辊锻刀具220℃回火不同时间纳米级碳化物尺寸、形貌及分布

达到显微硬度的峰值，此时辊锻刀具基体中同样出现大量弥散分布的纳米级碳化物。结合 XRD 检测结果，可以判断对 8Cr13MoV 刀具二次硬化起作用的纳米级碳化物为 $CrFe_7C_{0.45}$。

参 考 文 献

[1] 雷廷权.钢的形变热处理[M].北京:机械工业出版社,1979.

7 复合轧制工艺在厨刀制备中的应用

7.1 不锈钢复合板在厨刀制备中应用的意义

7.1.1 不锈钢复合板特点

为了提高容器和构件的使用寿命需要使用优质或贵重的材料，通过在普通金属上包覆一层特殊性能的材料来代替部分纯贵重材料，既满足使用要求，又避免浪费，这种材料就是双金属复合材料[1]。

不锈钢复合板是通过轧制、爆炸等方法达到冶金结合而成的一体化板材，如图 7-1 所示[2]。

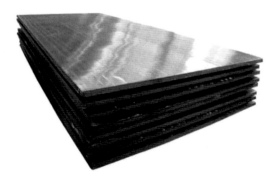

图 7-1　不锈钢复合板产品

不锈钢复合板的基层材料可以使用 Q235B、Q345R、20R 等各种普通碳素钢和专用钢。复层材料可以使用 304、316L、1Cr13 和双相不锈钢等各种牌号的不锈钢。不锈钢复合板可以节约大量不锈钢，节省 30%~60% 的制备成本。不锈钢复合板集聚了基层和复层的优点，不但有效利用了高合金钢基层材料的强度、耐磨损等力学性能，同时又具有不锈钢复层耐腐蚀、耐氧化等特殊性能。不锈钢复合板作为一种资源节约型的产品，可减少镍铬等贵金属的消耗，大幅度降低工程造价，实现低成本和高性能的完美结合，具有良好的社会效益[3]。

不锈钢复合板焊接有其特点和难点，既不同于不锈钢，也不同于碳钢或低合金钢。为了保证不锈钢焊接接头满足相关的机械性能要求，并实现复层钢板的综合性能，防止焊缝金属耐腐蚀性能和抗裂性能的降低，需要对基层和复层分别焊接。除了基层和复层的焊接外，过渡层的焊接是不锈钢复合板焊接的主要特点，也是不锈钢复合板焊接的关键。

按国家标准（GB 8165—87），不锈钢复合板的主要质量指标，除了对基层钢板有要求外，还要求复层材料满足以下特点[4]：

（1）屈服极限不小于基层，剪切强度为 147MPa。

（2）180°内外弯曲试验，无分层、裂纹、折断。

（3）超声波探伤检验合格。

（4）复层表面无气泡、结疤、裂纹、夹杂、折叠等。

（5）不平度：厚度大于 8mm 的每米不大于 15mm，厚度不大于 8mm 的由供需双方协议。

7.1.2 不锈钢复合板生产工艺

不锈钢复合板工业化生产主要有三种方法，分别是机械复合、爆炸复合和热轧复合[5]。

（1）机械复合。机械复合一般用于直接生产不锈钢复合钢管。而爆炸复合和轧制复合是先生产不锈钢复合板，再制成复合钢或热轧、冷轧成复合卷板。

（2）爆炸复合。爆炸复合生产工艺是先制备好不锈钢板复板，将其重叠置于基板上，不锈钢板和基板之间用垫子间隔出一定的距离，中间铺设一层炸药，利用炸药爆炸时产生能量，使不锈钢板高速撞击基板，产生的超高压和超高速冲击使两种材料的界面实现金属层间的固态冶金结合，如图 7-2 所示。1957 年美国人菲利普实现了钢板间的爆炸焊接。1970 年世界各国文献已经记载了 260 种以上同种或异种金属组合的成功焊接。

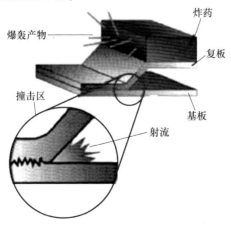

图 7-2 爆炸复合示意图

该方法的第一个特点是复板以高速碰撞，在界面上局部和瞬间产生的高温、高压和射流的共同作用下使界面结合处呈锯齿形咬合，从而使界面强度等于或高于母材金属的强度。第二个特点是瞬时高温并不会引起焊接界面发生结晶和相变，即使发生相变也只有在几微米的厚度上，可以忽略不计。

理想状态下，界面的每平方毫米的剪切强度可以达 400MPa。爆炸复合可以生产厚度达到几百毫米厚的不锈钢复合板，不适合生产总厚度小于 10mm 的较薄复合钢板。由于爆炸复合是冷加工，除不锈钢复合板以外，还可以生产很多种金属复合板，如钛、铜、铝等。

爆炸焊接过程中，由于基层与复层发生剧烈的撞击，导致界面产生加工硬化，使界面区域强硬度升高。如果不进行热处理，将影响不锈钢层状复合材料的后续加工使用。因此，要对爆炸焊接后不锈钢层状复合材料进行热处理，在保证腐蚀性能的情况下，尽量降低硬度梯度，改善加工硬化。

（3）轧制复合。钢板越厚爆炸复合优势越明显，钢板越薄轧制复合方式优势越明显。相比爆炸复合，轧制复合板具有更精确的尺寸精度、优异的结合面质量和柔和的复合性能。因此，轧制不锈钢复合板具有良好的使用性能，更利于进一步加工应用。轧制复合工艺生产的品种多、厚度自由组合，不锈钢覆层厚度 0.5mm 以上均能生产。受轧钢压缩比限制，热轧尚不能生产厚度 50mm 以上的复合钢板，也不方便生产各种小批量、圆形等特殊形状的复合板。

不锈钢复合板是由两层不同性质的钢材经特殊制造工艺复合而成，具有基层、复层和过渡层。基层保证强度，复层保证耐腐蚀性能，过渡层是根据焊接工艺需要添加。过渡层质量的好坏直接影响基层和复层，应对过渡层进行严格控制。轧制过程中，由于两种金属扩散，实现了两种金属完全的冶金结合。为了提高复合界面的润湿效果，提高结合强度，在界面的物理化学处理方面还要采取一系列技术措施。

爆炸复合与轧制复合都执行 GB/T 8165—2008 国家标准。该标准非等效采用日本 JIS G3601—1990 标准，主要技术指标相同或高于日本标准[6]。

不锈钢复合板焊接时会出现以下几个问题：

（1）铬、镍等合金元素过高，在基层焊缝组织中产生较多的硬脆相，容易引起焊缝裂纹，降低焊缝强度。

（2）焊接复层时会出现增碳，使焊缝的耐蚀性大大降低。

（3）过渡层焊接时，冷却速度和熔合率控制不当，将直接降低基础层和双层的焊接性能。

要想确保不锈钢复合板的焊接质量，必须采用合理的焊接工艺，严格控制冷却速度和熔合率。目前不锈钢复合板的焊接主要采用焊条电弧焊、埋弧自动焊、气体保护焊、激光焊等[7,8]。

不锈钢复合板焊接操作如下：

（1）不锈钢复合钢的焊接顺序一般为先焊基层，再焊过渡层，最后焊复层以保证焊接接头具有良好的耐蚀性，同时还应考虑过渡层的焊接特点，尽量减少复层一侧的焊接工作量。

（2）角接接头无论复层位于内侧还是外侧，均先焊接基层。当复层位于内侧时，在焊复层以前应从内角对基层焊根进行清根；当复层位于外侧时，应对基层最后焊道进行磨光，焊接复层时可先焊过渡层，也可直接焊复层，这要根据不锈钢复合钢板厚度而定。

（3）由于过渡层在高温下有碳扩散过程发生，在交界区形成了高硬度增碳带和低硬度的脱碳带，使过渡层形成了复杂的金相组织，增加了焊接难度，因此，为了防止第一层基体焊缝熔入奥氏体，可预先将接头附近的复层金属加工掉一部分。

（4）先焊基层，第一道基层焊缝不应熔透到复层，以防焊缝金属发生脆化或产生裂纹，基层钢焊接时仍按基层常规焊接电流；基层焊完后，用碳弧气刨、铲削、磨削等方法清理焊根，要求高的，经 X 射线探伤合格后才能焊接过渡层。

（5）过渡层焊接，为了减少母材对焊缝的稀释率，在保证焊透的情况下，应尽量小电流焊接；要采用小直径焊条和窄焊道，必须盖满基层焊缝且高出基层1mm，焊缝成型要平滑，不能凸起，否则要打磨掉。

（6）对于制作高压容器的大厚度不锈钢复合钢板，施焊过程中先焊内部不锈钢复合层，再焊一层铁素体过渡层，最后用低合金钢焊条填满基层焊缝。

（7）根据工作条件选用结构材料时，应使奥氏体焊缝与珠光体钢熔合区中的扩散层降低到最小程度，这对于高温和有腐蚀介质中工作的构件和焊后需要进行回火处理的大型构件来说尤其重要。

（8）操作时要注意保护非焊接部位复层表面，防止电弧划伤，基层焊缝要为过渡层留出合适的深度，一般距复层约 2mm。

对不锈钢复合钢的焊接接头，一般既不进行复层的固溶处理，也不进行消应力处理。但是对于极厚的焊件，常常采取中间退火和消应力处理，消除残余应力的热处理最好在基层焊完后进行，热处理后再焊过渡层和复层，如需整体热处理时，温度的选择要考虑对复层耐蚀性的影响、过渡层的不均匀性及异种钢物理性能的差异，温度一般为 450~650℃。

不锈钢复合钢的焊后处理常用方法有退火处理、喷丸处理、借助变形法消除应力。

7.1.3 厨刀用不锈钢复合材料的意义

近年来，厨刀材料逐渐从低碳不锈钢向高碳高铬不锈钢发展，板材复合化也成为世界厨刀材料发展的大趋势。高档厨刀要求刃部具有极佳的锋利度和耐磨性，而其他部位又具有良好的韧性和耐腐蚀性能。因此，开发高锋利度且耐磨的刀刃材料，并通过复合轧制的方式使韧性和耐蚀性好的钢材覆盖在刀具表面，是获得厨刀产品最佳综合性能的有效方法。

厨刀材料的服役环境复杂苛刻，可能在酸性、碱性、中性条件下使用，这对耐蚀性提出了更高的要求；同时厨刀刃部比较薄，在工作时所受的应力比较大，这需要材料具有高硬度、锋利度。与其他在单一服役环境中的复合材料相比，厨刀复合材料的制备与加工的机理研究相对复杂，可以为其他领域的复合材料的机理研究提供一些借鉴。就不锈钢厨刀材料而言，最关键的是如何兼顾刀具的锋利度、耐磨性、韧性和耐蚀性。传统的生产工艺以一种高碳高铬不锈钢作为材料，其中锋利度和耐磨性可以达到要求，但韧性低、耐蚀性差，使用寿命大大缩减。复合板用于厨刀制造，可以利用心部钢的高硬度，实现刃口的高锋利性和耐磨性；利用外层合金对刃口材料的保护使刀具具有可靠的韧性和耐蚀性。

7.2 厨刀用复合材料的选择

不锈钢复合轧制过渡层的合金系统及其厚度对不锈钢基层和复层之间的良好结合至关重要，不同过渡层材料的种类和厚度会影响后续成品的力学性能；如果基层材料强度不足，易使成品刀剪耐用度不够。因此合理地选取基层、复层以及过渡层，设置合理的组坯工艺就显得尤为重要。以下以十八子生产高档复合刀具所用的复合板为例进行说明。

7.2.1 厨刀用复合板基层材料的确定与质量控制

8Cr13MoV 钢强度高、耐蚀性和耐磨性良好，近年来被用于制造高档厨刀产品。因此，选用 8Cr13MoV 高碳马氏体不锈钢或更高碳含量的马氏体不锈钢为基层。8Cr13MoV 钢与同类型的 7Cr17 钢和 9Cr18 钢相比，降低了铬含量，并加入了少量钼和钒，提高了其回火稳定性。基层 8Cr13MoV 钢的化学成分见表 7-1。

表 7-1　基层 8Cr13MoV 钢的化学成分　　　　　　（％）

化学成分	C	Si	Mn	P	S	Cr	Mo	V
8Cr13MoV	0.70~0.80	≤1.00	≤1.00	≤0.04	≤0.03	12.0~14.5	0.10~0.30	0.10~0.25

为了保证厨刀具有良好的锋利性和锋利耐用度，必须控制 8Cr13MoV 钢中夹杂物和共晶碳化物（一次碳化物）细小。

7.2.1.1 基层8Cr13MoV钢夹杂物控制技术

8Cr13MoV钢凝固过程中，Al_2O_3 最先从液相中析出。由于 $(Ti,V)N$ 和 Al_2O_3 错配度为11.62，Al_2O_3 可作为 $(Ti,V)N$ 的形核核心，因此，凝固末期析出的 $(Ti,V)N$ 以 Al_2O_3 为核心形核长大，形成三维形貌不规则的多边体。提高冷却强度能增加 Al_2O_3-$(Ti,V)N$ 复合夹杂物的形核率，显著抑制夹杂物长大；减少钢中氮、钛元素含量，能够降低 $(Ti,V)N$ 析出时间，减小夹杂物尺寸。

在提高冷却强度和降低氮、钛含量的基础上，进一步向钢中加入稀土元素铈，减小夹杂物尺寸。根据多相、多组元平衡的热力学计算分析，钢中含有铝元素时，铈元素首先与钢中的铝、氧元素反应，生成 $CeAlO_3$（反应的 ΔG 最小），反应式如式（7-1）所示。若钢液中已含 Al_2O_3 夹杂物，铈元素可以与 Al_2O_3 反应生成 $CeAlO_3$，反应式如式（7-2）所示。炼钢温度下（1600℃），反应式（7-2）表示的反应可以发生。通过以上反应，使棱角状高硬度的 Al_2O_3 夹杂转变为低硬度的颗粒状稀土铝酸盐夹杂。

$$[Ce]+[Al]+3[O]\Longrightarrow CeAlO_3(s), \Delta G^{\ominus}=-1366460+364.3T(J/mol) \qquad (7-1)$$

$$[Ce]+Al_2O_3(s)\Longrightarrow CeAlO_3(s)+[Al], \Delta G^{\ominus}=423900-247.7T(J/mol) \qquad (7-2)$$

电渣锭中稀土铈含量为0.0082%，含铈复合夹杂物面扫描结果如图7-3所示。由图7-3可以看出，电渣锭中复合夹杂物中含有铈元素，形成了细小的 $CeAlO_3$。通过添加稀土元素铈，不仅减少了电渣锭中的夹杂物数量，而且改性棱角状高硬度的 Al_2O_3 夹杂为软质颗粒状 $CeAlO_3$ 夹杂。

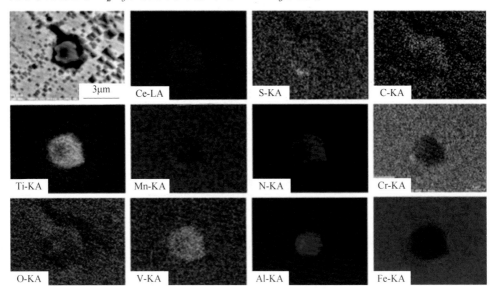

图7-3 含铈复合夹杂物面扫描结果

加稀土元素铈对电渣锭中夹杂物尺寸的影响如图 7-4 所示。由图 7-4 可以看出，加入稀土元素铈，电渣锭中夹杂物平均尺寸由 Al_2O_3 的 5.1μm 减小到 $CeAlO_3$ 的 1.5μm，显著细化了夹杂物。

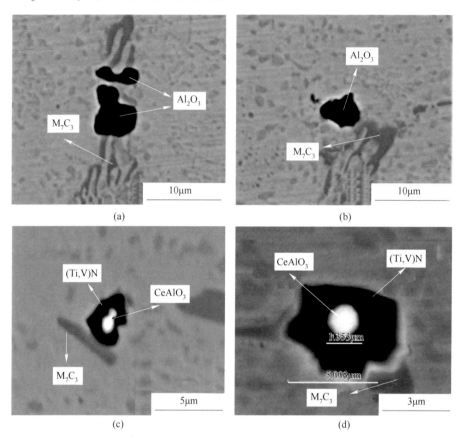

图 7-4　不含稀土和含稀土电渣锭中典型的夹杂物和碳化物
（a）（b）不含稀土；（c）（d）含稀土

7.2.1.2　基层 8Cr13MoV 钢一次碳化物控制技术

相较国外刀剪，国产高品质刀剪用钢组织中普遍存在大尺寸的共晶碳化物，导致成品刀具锋利性能和耐腐蚀性能不佳。因此，应对基层钢组织进行控制，避免 8Cr13MoV 钢中存在粗大的共晶碳化物。

8Cr13MoV 钢是通过电渣重熔的方法生产的。电渣锭不同位置处的共晶碳化物形貌、尺寸和含量差异较大。电渣锭中心处共晶碳化物形貌为块状或纤维状，边缘处为脑状，且中心处共晶碳化物尺寸明显大于边缘共晶碳化物的尺寸。钢锭中心碳化物的平均体积分数为 1.4%、边缘碳化物的平均体积分数为 1.1%。图 7-5 所示为电渣锭不同形貌的共晶碳化物及其周围基体的相分布图和取向分布图。其中，图7-5（a）（c）和（e）所示为共晶碳化物及周围基体的相分布图，蓝色区域为奥氏体，红色区域为马氏体，绿色区域为共晶碳化物。图7-5（b）（d）和（f）所示为共晶 M_7C_3 碳化物的取向分布图。

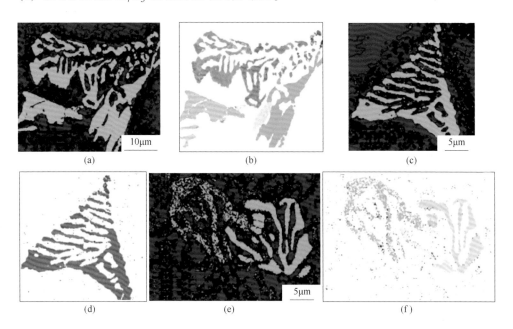

图7-5 电渣锭不同形貌的共晶碳化物及其周围基体的相分布图和取向分布图
（a）（c）（e）相分布图；（b）（d）（f）共晶 M_7C_3 碳化物的取向分布图

由图7-5可以看出，尽管电渣锭中碳化物的形貌和尺寸变化较大，但它们都是由三种形貌的结构组成，分别为大块状、纤维状和球粒状，相邻的碳化物结构之间的取向不同，显示这些碳化物起源于不同核心，凝固过程中聚合生长在一起。根据热力学计算和实验结果分析，当固相率达到90.3%时，共晶碳化物开始形核。随着凝固的进行，液固界面向前移动，并将这些碳化物核心推向枝晶间的中心。在这过程中，碳化物核心首先生长成大块状，随着显微偏析的加剧，碳化物逐渐生长为纤维状或者球粒状，相邻碳化物相互靠近，最终团聚成为枝晶间的共晶碳化物。

通过降低熔速，金属熔池深度和两相区宽度减小，金属熔池形状更加浅平，元素偏析程度减轻，局部凝固时间和二次枝晶间距减小，共晶碳化物的体积分数降低。通过提高充填比，使渣池温度场分布更加均匀，可以实现金属熔池温度场的均匀化，获得较为浅平的金属熔池，降低电渣锭中共晶碳化物的体积分数。通过对电渣锭大变形量的开坯，碳化物破碎分散到碳含量较低的奥氏体周围，使碳元素和其他合金元素在后续的高温扩散退火过程中更容易扩散进入奥氏体。高温扩散退火工艺不仅可以有效减少共晶碳化物含量，还可以促进碳和合金元素均匀分布，提高钢中马氏体含量。

7.2.2 厨刀用复合板过渡层材料的确定

基层与复层两种材料存在成分差异，碳、铁、铬等元素存在浓度梯度，复合板热加工过程，由于铁素体不锈钢与马氏体不锈钢的变形抗力不同，会在界面处存在应力集中，并且产生大量位错，当各元素达到各自的扩散激活能后，会发生元素扩散现象，而位错及周围的畸变能高的区域是元素扩散的快速通道，碳、铬、铁等元素在界面处聚集，生成碳化物等脆性相，在使用的过程中裂纹会沿碳化物萌生并扩展，降低界面的结合强度，同时碳元素的扩散会降低基层马氏体不锈钢的强度和硬度，从而影响复合板的整体性能。因此，在基层与复层之间添加镍层，阻止脆性相的生成和碳元素的扩散。

采用镍作为中间层，依据如下[9]：

（1）合金元素镍是不锈钢本身含有的元素，可以满足构件相容性原理。

（2）从铁-镍二元相图可看出，镍与不锈钢基体中的铁具有很好的互溶性，相互之间不产生金属间化合物。

（3）镍在高温下塑性好，耐腐蚀性优异，且起着控制扩散的作用。

不锈钢复合板组坯由互相独立的基层、复层与镍层组成。组坯复合轧制前需打磨基层和复层表面并进行抛丸处理，以去除氧化铁皮并提高表面摩擦力。热轧过程中，各层金属之间形成了良好的结合，从微观角度来看，复合板的结合是源于摩擦黏着结合机理和扩散作用机理。热轧态复合板基层 8Cr13MoV 组织为马氏体，复层 1Cr17 组织为铁素体，马氏体与铁素体的晶体点阵结构均为体心立方（bcc），纯镍的点阵结构为面心立方（fcc）。8Cr13MoV 钢马氏体点阵常数为 0.2994nm，铁素体点阵常数为 0.2866nm，镍的点阵常数为 0.3524nm。根据体心立方与面心立方的位向关系，可以计算出复合板基层、复层和镍层间晶体的错配度分别为 0.31% 和 3.09%，均小于 5%，晶格的匹配良好，复层与基层材料和镍能形成共格界面。

热轧过程中，不锈钢复合板的宏观界面结合为摩擦黏着结合机制。热轧过程中，基层和复层表面在高温和大变形量作用下会产生新鲜的金属表面使原子直接接触。同时，金属表面在宏观上是凹凸不平的，金属间相互接触摩擦，产生的变形和摩擦热加剧接触处金属原子的运动。由于基层与复层材料能和镍层形成共格界面，有利于接触处金属原子产生原子尺度上的作用，因此界面处暴露的金属原子间能直接形成金属键作用，从而加强复合板的界面结合。

热轧高温状态下，原子的扩散运动加剧。热轧时基层、复层和镍层间会发生元素扩散，在镍层两侧形成较薄的元素互扩散区。扩散作用使得界面两侧金属原子相互作用的机会增加, 从而增大了金属间的结合。镍元素与铁元素具有很好的互溶性, 且相互之间不产生金属间化合物, 满足构件相容性原理。如果没有镍层, 元素浓度相差较大的基层与复层之间会产生显著的元素扩散, 极易在界面结合处产生大量缺陷, 并且会产生碳化物等脆性相, 界面两侧金属强度显著降低, 恶化界面结合质量。因此, 加入镍层可以促进不锈钢复合板的界面结合, 起到控制扩散的作用。

7.2.3 厨刀用复合板复层材料的确定

复层材料的可选对象为 1Cr13、1Cr17 和 2Cr13。各材料化学成分见表 7-2。1Cr13 为半马氏体不锈钢, 淬透性好, 具有较高的硬度、韧性和较好的耐蚀性; 1Cr17 为铁素体不锈钢, 加工难度小, 具有出色的耐蚀性, 且抗应力腐蚀; 2Cr13 为马氏体不锈钢, 硬度较高, 有磁性, 耐蚀性良好。

表 7-2　复层材料化学成分 　　　　　　　　　 (%)

化学成分	C	Si	Mn	P	S	Cr
1Cr13	≤0.15	≤1.00	≤1.00	≤0.04	≤0.03	11.5~13.5
1Cr17	≤0.12	≤0.75	≤1.00	≤0.04	≤0.03	16.5~17.0
2Cr13	0.16~0.25	≤1.00	≤1.00	≤0.04	≤0.03	12.0~14.0

铸态 8Cr13MoV 钢锭经开坯后与复层和镍层焊接成坯料, 然后热轧成复合板坯。不同复层材料轧制后的复合板金相组织形貌如图 7-6 所示。

从图 7-6 可以看出, 热轧后, 基层 8Cr13MoV 的组织为马氏体、残余奥氏体、共晶碳化物和少量二次碳化物。部分晶间有黑色的粒状组织, 为未充分溶解或破碎的尺寸较大的共晶碳化物, 其对复合板的性能有不良影响, 但在热轧过程中无法完全避免其存在。8Cr13MoV 经过热加工与再结晶过程, 组织大幅度细化, 共晶碳化物被破碎。热轧过程中, 进一步被破碎细化的共晶碳化物由于无法参与变形, 因此其会阻碍周围晶粒沿轧制方向的拉长变形。

复层的组织由于材料不同, 其组织形貌也不尽相同。图 7-6 (a) 与图 7-6 (c) 的复层材料组织为马氏体, 晶粒内包含取向不同的板条状马氏体束, 其变形能力较弱因此没有沿着轧制方向明显伸长。而图 7-6 (b) 的复层材料为铁素体不锈钢 1Cr17, 可以明显看出铁素体晶粒沿轧制方向拉长, 且靠近镍层的晶粒更为扁平。

以复层为 1Cr17 的样品为例, 其组织形貌如图 7-7 所示。可以看出, 晶界与晶内均有碳化物的析出。

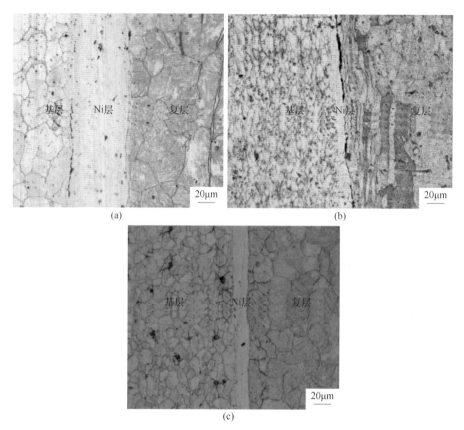

(a)

(b)

(c)

图 7-6 不同复层材料样品组织形貌

（a）1Cr13；（b）1Cr17；（c）2Cr13

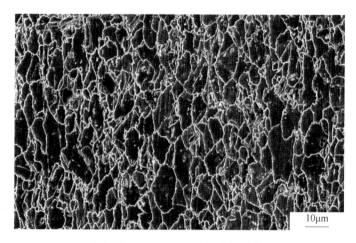

图 7-7 复层 1Cr17 样品组织形貌

利用 EDS 分析基层晶界上与晶内碳化物的成分，其结果如图 7-8 所示。由图 7-8 可知，晶界上析出的碳化物包含的主要元素是碳、铬和铁，而晶内的碳化物中主要含有碳、铬、铁和钒。晶界上的铬铁碳化物主要是在热轧或锻造高温冷却共析转变之前析出的二次碳化物。加热过程中，少量的共晶碳化物会溶解，碳与合金元素被周围基体吸收，冷却过程中过饱和基体内这些合金元素会于晶内与碳元素结合，析出细小的二次碳化物，即含钒碳化物。晶内的钒铬铁碳化物在冷却过程中析出于奥氏体相，其主要分布于残余奥氏体中。

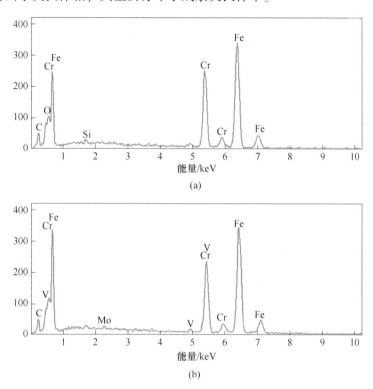

图 7-8 复层碳化物 EDS 分析结果

（a）（pt1）晶界上；（b）（pt2）晶内

当选取 2Cr13 作为复层进行复合轧制时，其组织形貌如图 7-9 所示。可以看出，2Cr13 组织中存在一条贯穿整个样品的裂纹。这是由于复合板的复层由 3 块相同规格的复层钢板组合轧制形成，此裂纹位于两块复层板之间的结合面处，说明以 2Cr13 作为复层进行复合轧制时，三层 2Cr13 复层板之间结合较差，将严重影响其使用性能；而复层 1Cr13 和复层 1Cr17 的两种复合板样品在 SEM 高倍下则看不到类似情况的出现，说明当选用 1Cr13 或 1Cr17 作为复层时，复层金属间结合相对良好。

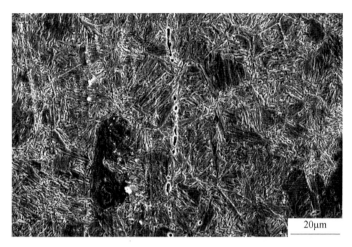

图 7-9 复层 2Cr13 样品组织形貌

三种不锈钢复合板各层的硬度数据见表 7-3。

表 7-3 不锈钢复合板各层维氏硬度 (HV)

复层材料	基层	镍中间层	复层
1Cr13	684	286	381
1Cr17	987	357	532
2Cr13	955	230	688

可以看出，基层 8Cr13MoV 的硬度最高，这是由于其碳含量最高且为马氏体组织所致，镍中间层较软，不同复层之间硬度值相差较大。复层为 1Cr17 和复层为 2Cr13 的样品，其基体组织硬度更高。当复层为 1Cr13 时，由于 1Cr13 硬度值较小，在复合轧制过程中其与基层 8Cr13MoV 变形协调困难，且变形不易渗透至基层；当复层为 2Cr13 时，由于 2Cr13 硬度值较高，在复合轧制过程中其本身变形抗力较大，会导致变形难以渗透至基层 8Cr13MoV 中去；当 1Cr17 作为复层时，其硬度介于 1Cr13 和 2Cr13 之间，与基层 8Cr13MoV 硬度存在差异但差别不大，可以保证在复合轧制过程中能够有效协调变形且变形可以通过复层传递到基层中去。

一般情况下，不锈钢的耐腐蚀性能随着铬含量的增加而提高。铬含量相对较低的马氏体不锈钢的铬、镍离子迁移量明显比铁素体不锈钢高。碳与铬的亲和力较大，和铬可以充分结合成碳化铬，使不锈钢基体中铬含量迅速降低，而碳化铬的耐腐蚀性能很差，极易在酸性介质下分解。碳含量越高形成的碳化铬就越多，其耐腐蚀性能则越低，铬、镍等重金属离子更容易析出。因此，选择 1Cr17 铁素体不锈钢作为复层，可以有效减小刀具在使用过程中的重金属迁移率。

综合成分、力学性能、变形协调、变形渗透、加工难度、重金属迁移率和组织形貌来看，复层材料为 1Cr17 铁素体不锈钢时样品的综合指标最好，且 1Cr17 具有更出色的耐腐蚀性与相对更低的价格，因此复层材料选定为 1Cr17。

7.3 厨刀用复合板材生产

7.3.1 复合厨刀用热轧复合板材生产

锋利度是刀剪的关键指标，锋利度与刀锋材料的硬度成正比关系，与刀锋总厚度成反比关系，且与刀锋两面的夹角也成反比关系。用两侧的铁素体不锈钢夹着中间高质量的刀具钢，这种组合正好符合提高锋利度的三原则。为了减小不锈钢复合板轧制过程中端部的燕尾程度，采用复层上下各三层的组坯方式。

由于不锈钢复合板是由不同金属构成的，各元素含量也各不相同，因此当各元素达到扩散的能量时，就会在界面发生物质迁移，原子或分子由于热运动从一个位置不断地迁移到另一个位置。复合板中元素扩散是固体材料中的一个重要现象，金属的热处理、高温扩散退火等都与扩散密切相关。

热轧压下率为 37.5% 时的组织形貌如图 7-10 所示。经过两道次轧制后，从图中可以明显观察到 8Cr13MoV/Ni 界面和 1Cr17/Ni 的界面存在，部分 8Cr13MoV/Ni 界面区域还存在缝隙，并未完全结合，而 1Cr17/Ni 界面的结合情况比 8Cr13MoV/Ni 界面好，这是因为在高温下的变形抗力 1Cr17 与 Ni 的更为接近，在轧制过程中协调变形充分，而 8Cr13MoV 的变形抗力较大，结合相对困难。1Cr17/1Cr17 之间的界面虽然部分区域仍能观察到界面的存在，但有的区域已经发生了动态再结晶，界面处的晶粒已经融为一体，说明同种材料的结合性比异种材料的结合性好。

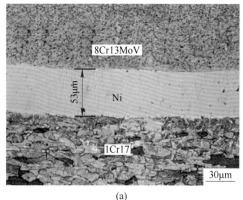

(a)　　　　　　　　　　　　　　(b)

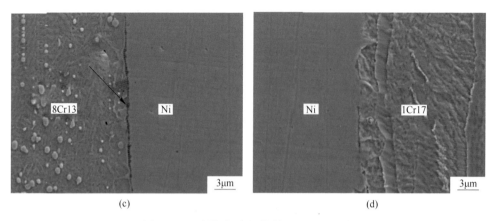

(c)   (d)

图 7-10　不锈钢复合板轧制过程组织形貌

　　热轧压下率为 37.5%、75%、92.7% 时，不同轧制道次试样的界面元素扩散分析结果如图 7-11 所示。从图 7-11 可以看出，压下量为 75% 时，镍层与 1Cr17 的界面元素扩散距离与压下量为 37.5% 相比变化不大，但镍层与 8Cr13MoV 的界面元素扩散距离相对增大，说明当压下率为 75% 的时候其界面结合相对更好。热轧后元素扩散距离大约在 2μm，在热轧结束前的道次元素扩散距离均小于此值。这是因为在热轧时虽然温度较高，但时间较短，再加上原子每次迁移的距离很短，所以在整个热轧过程中原子扩散的距离是有限的。

7.3.2　复合厨刀用冷轧板材的生产

　　热轧态复合板在冷加工前要进行球化退火处理，主要目的是通过相变和扩散来消除或减少各金属层间的内应力及各层金属的加工硬化，提高材料的塑性，防止冷轧过程出现边裂和其他缺陷。

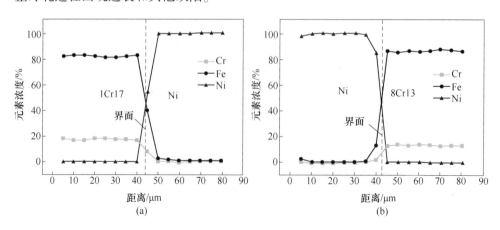

(a)   (b)

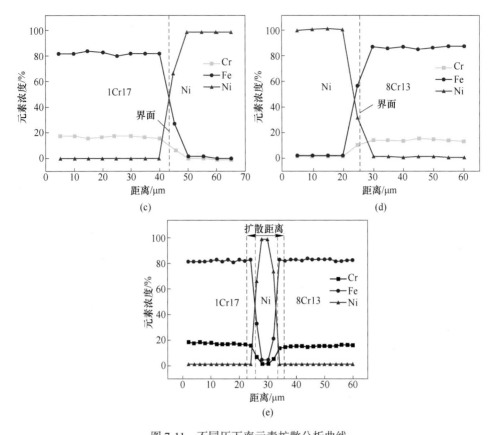

图 7-11 不同压下率元素扩散分析曲线

（a）（b）压下率为37.5%；（c）（d）压下率为75%；（e）压下率为92.7%

图 7-12 所示为复层 1Cr17 球化退火后 TEM 照片与 EDS 能谱。由图 7-12 可以明显观察到铁素体晶粒的晶界位置，黑色的点状、细条状为晶界上碳化物的位置。球化退火过程中，复层 1Cr17 中的铬、铁碳化物优先于晶界上析出，因为晶界处结构较疏松且能量较高。采用 EDS 能谱仪对碳化物进行分析，晶界上的碳化物多为铬、铁碳化物，相结构为 M_7C_3。

图 7-13 所示为基层 8Cr13MoV 球化退火后 TEM 照片与 EDS 能谱。由图 7-13 可以看出，基层组织中存在大量密布的粒状凹坑，这是由于在复型过程中 $Cr_{23}C_6$ 碳化物颗粒未能成功被碳膜吸附而留下，这些凹坑即为大量碳化物的位置。从 EDS 能谱图中可以看出，碳化物的主要组成为碳、铬元素，即 $Cr_{23}C_6$ 碳化物，还含有少量的钒元素。在球化退火过程中，钒的碳化物析出具有良好的热力学与动力学条件，但是合金元素钒的含量与铬相比少很多，因此较难形成单独的钒碳化物，更多地以铬、钒碳化物的形式复合析出，形成 $(Cr,V)_{23}C_6$ 碳化物。此外基层中还观察到尺寸在 0.1μm 以下的细小碳化物颗粒，其中观察到的最

小碳化物直径仅 10nm 左右，这些弥散分布的细小碳化物的存在可显著提高其力学性能。

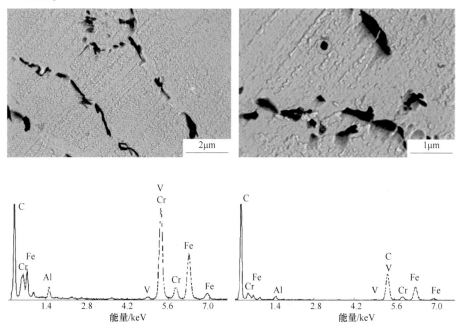

图 7-12　球化退火后复层 TEM 照片与 EDS 能谱

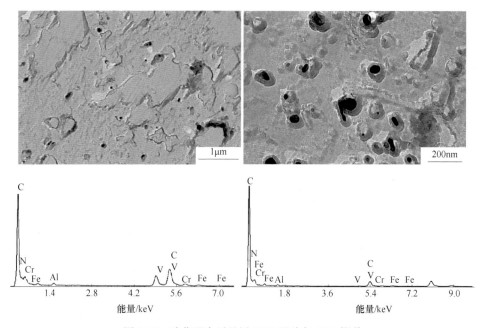

图 7-13　球化退火后基层 TEM 照片与 EDS 能谱

界面结合状态是评价层状金属复合材料质量的主要指标，对于较薄的不锈钢复合板，采用拉伸剪切实验测量界面结合强度。球化退火处理后的不锈钢复合板界面的拉剪强度均大于 400MPa，界面结合强度明显提高。在球化退火过程中，元素扩散对拉剪强度的影响最为显著，元素的扩散增加了金属间原子相互作用的概率，增大了金属间的结合强度。退火温度对其界面剪切强度的影响相对最大，退火保温时间次之，冷却速率的影响最小。

拉剪试样在 8Cr13MoV/Ni 界面处发生断裂，图 7-14 所示为断口形貌。由图 7-14 可以看出，断口表现出明显的韧性断裂特征，包括一些规则的韧窝、撕裂棱以及沿剪切方向上的塑性流动痕迹，这说明界面结合比较好。在 8Cr13MoV 侧断口形貌上有数量较多的碳化物，且碳化物分布在韧窝边界上，裂纹扩展时此类碳化物就会成为应力集中区域，且会在此区域发生扩展，碳化物会影响裂纹的扩展路径。而在 Ni 一侧碳化物明显较少，形貌多为撕裂棱与韧窝。从图 7-14（a）可以看出，经合理的热处理后，在界面处的碳化物更加弥散细小，可减少应力集中，增大界面结合强度。

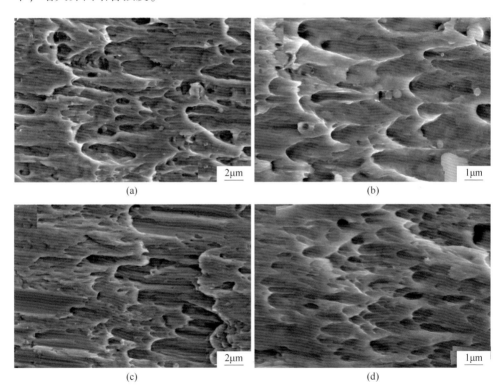

图 7-14　拉剪断口形貌

（a）（b）8Cr13MoV 面形貌；（c）（d）Ni 面形貌

退火前，基层 8Cr13MoV 与中间层 Ni、复层 1Cr17 的硬度值相差较大，经过退火处理后，差值明显减小，可保证冷轧过程复合板的整体协调变形，减少或避免冷轧过程中在界面处产生缺陷。

经长时间球化退火过程，各元素具备了扩散的能量。热处理后，界面形貌与元素分布发生了变化。球化退火后的界面组织形貌如图 7-15 所示。

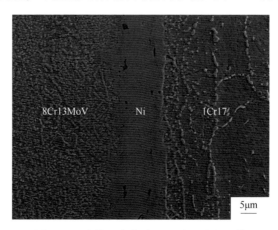

图 7-15　球化退火热处理后界面组织形貌

从图 7-15 可以看出，图中左侧为基层 8Cr13MoV，铁素体基体上分布着球状碳化物，有部分尺寸在 2μm 左右的颗粒状碳化物和长棒状碳化物为共晶碳化物，这是因为在球化退火时，奥氏体化温度较低，达不到共晶碳化物的熔点，共晶碳化物会继续保留下来。尺寸较小的碳化物是在球化过程析出的碳化物，尺寸在 1μm 以下，甚至有不少尺寸小于 100nm 的细小碳化物。中间为中间层 Ni，经过热轧及热处理后，中间镍层的两边缘已不再是平直的，这是由于界面处存在的缺陷不同，各处的协调变形稍有差别造成的，另外，由于元素进一步扩散加强了此现象。图中右侧为复层 1Cr17，碳化物主要沿晶界析出，这主要是由于在高温下，元素碳、铬向晶界偏聚，在晶界处形成碳化物。

图 7-16 所示为球化退火前界面元素的分布。中间层左侧为复层 1Cr17，右侧为基层 8Cr13MoV，从图 7-16（a）也可看出左侧碳浓度低，右侧碳浓度高。图 7-16（a）~（c）中颜色较亮的小块状区域——对应，是碳、铁、铬元素相互结合生成的 $(Fe,Cr)_7C_3$ 碳化物，铬元素浓度较高的区域对应铁元素浓度较低，生成碳化物时铬元素占据基体中一部分铁元素的位置。在图 7-16（d）中镍元素仅在镍层两侧 2μm 的距离内有明显变化，在镍元素含量升高的区域铁、铬元素含量就会降低，这是元素相互之间发生了扩散。中心区域镍含量较高，几乎没有变化，这是因为热轧时虽然温度较高，但时间较短，再加上原子每次迁移的距离很短，所以热轧过程中原子扩散的距离是有限的。

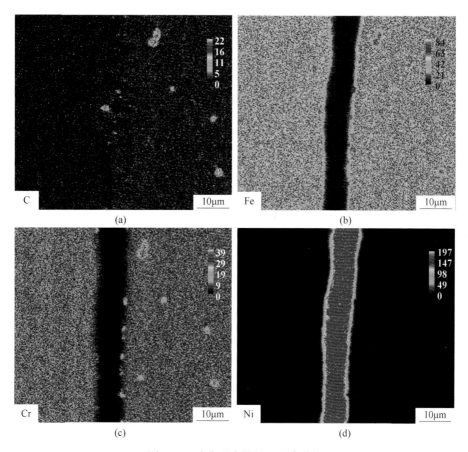

图 7-16 球化退火前界面元素分布

（a）碳元素分布；（b）铁元素分布；（c）铬元素分布；（d）镍元素分布

图 7-17 所示为球化退火处理后界面的元素分布。从图 7-17 可看出，元素分布已发生明显变化，图 7-17（a）中的碳与图 7-17（c）中的铬相互对应，生成碳化物，左侧 1Cr17 侧还能清晰地看出碳化物沿晶界析出。因碳化物中碳、铬元素浓度较高，故会消耗周围基体中的碳与铬，同时铬元素会占据部分铁元素的位置，使得碳化物周围的碳、铬元素浓度降低，在元素分布图中颜色较深，碳化物中铁元素浓度同球化前基体中的浓度相比降低很多，在元素分布图上表现为有碳化物存在的区域比其他区域颜色较深。在图 7-17（c）中可看出在界面结合处存在尺寸较大的共晶碳化物，会降低界面结合的强度，要尽量避免此类碳化物在界面处存在。在图 7-17（d）中，镍元素在不同的一维方向上扩散情况有所差异，在长时间的高温状态下，有部分区域镍层的中心已经发生扩散，但有部分区域还保持着较高的浓度，有部分区域在这两者之间。这可能是由于在界面处存在的缺陷数量（空洞、位错）不同导致的，缺陷是原子扩散的快速通道，会加剧原子的扩散。

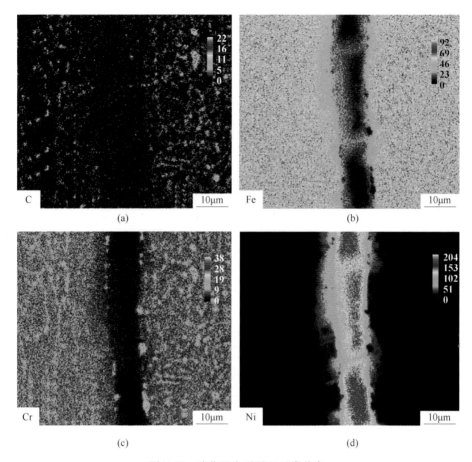

图 7-17　球化退火后界面元素分布

（a）碳元素分布；（b）铁元素分布；（c）铬元素分布；（d）镍元素分布

心部 8Cr13MoV 钢经过球化退火后硬度值降低，与中间层 Ni、复层 1Cr17 的硬度差值减小，冷轧过程中协调变形相对比较充分，减小了界面出现缺陷的概率，提高了刀剪不锈钢复合板的耐用度。对冷轧后的复合板进行再结晶退火，可以消除复合板的残余应力和部分加工硬化效果，细化冷轧后窄长的铁素体基体组织，便于后续加工，提高最终产品的质量。

7.3.3　高品质复合厨刀初始锋利度和耐用度调控技术

通过优化热处理工艺，提高界面结合强度，可以获得各层最优织构，调控复合板初始锋利度和耐用度。经过最佳等温球化退火工艺处理后，可得到细小弥散的二次碳化物，碳化物尺寸在 1μm 以下，基层 8Cr13MoV 硬度小于 20HRC，如图 7-18（a）所示。最终成品中基层平均晶粒尺寸小于 3μm，如图 7-18（b）所示。

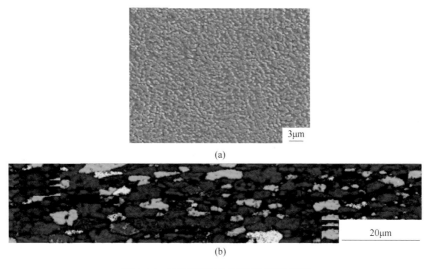

(a)

(b)

图 7-18 不锈钢复合板基层组织形貌

图 7-19 所示为复合板基层 8Cr13MoV 和单层 8Cr13MoV 的 α 和 γ 取向线分析对比。由图 7-19 可以看出，热轧态的复合板基层有着更强的有利 γ 织构，其对基层的力学性能与加工性能都有着积极的作用。这是因为复合轧制相比单一的 8Cr13MoV 变形更易协调和渗透，使其在热轧之后获得更强和更均匀的 γ 织构；二者 $f(g)$ 值不同，但都有着较强的 {111}<110>织构。与二者相比，冷轧后基层的 γ 织构明显减弱，这是因为在热轧、冷轧工序间有球化退火，长时间的高温加上充分的奥氏体化，基层组织转变为铁素体，消除了热轧形成的组织取向，冷轧过程中基层变形量相对较小，因此织构减弱。从 α 织构取向线来看，热轧复合

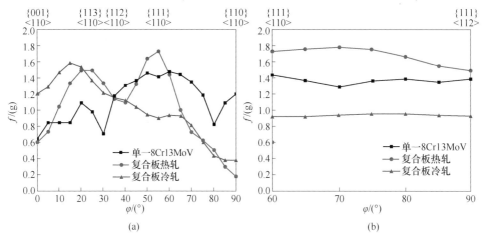

(a)

(b)

图 7-19 复合板基层 8Cr13MoV 和单层 8Cr13MoV 的 α 和 γ 取向线分析
(a) α 取向线；(b) γ 取向线

板基层与单一 8Cr13MoV 都有较强的 {111}<110>织构，复合板基层的 α 织构强度更强，二者取向线在 {113}<110>织构也有较强的峰。冷轧复合板基层有较强的 {113}<110>织构，但冷轧后整体 α 织构强度有所削弱，与 γ 织构取向的变化趋势相近。与热轧单层 8Cr13MoV 相比，热轧态的复合板基层有着更强的有利 γ 织构，冷轧后的 α 有害织构强度削弱，有利 γ 织构强度更加均匀，有助于刀锋组织性能的均一化。

通过阐明织构演变规律、不同层精细结构对复合板初始锋利度和耐用度的影响机制，可以对热轧、冷轧及热处理工艺进行一体化综合调控，显著提高复合刀具初始锋利度和耐用度。

参 考 文 献

[1] 吴人洁. 金属基复合材料的现状与展望[J]. 金属学报，1997，65(1)：78-84.

[2] https://news.gldjc.com/article/6213.html.

[3] https://baike.baidu.com/item/%E4%B8%8D%E9%94%88%E9%92%A2%E5%A4%8D%E5%90%88%E9%92%A2%E6%9D%BF/2475866.

[4] 《中国商品大辞典》编辑委员会. 中国商品大辞典金属材料分册[M]. 北京：中国商业出版社，1996.

[5] https://zhuanlan.zhihu.com/p/270610564.

[6] 赵惠，王艺卓，白一凡，等. 304L/Q235B 不锈钢层状复合板热处理工艺优化研究[J]. 热加工工艺，2023(16)：69-73.

[7] 朱锴年，王志成，高治学. 三峡排砂孔钢管的焊接与质量控制[J]. 人民长江，2006(5)：80-82.

[8] 王凤英，孙芳，任永伟，等. 不锈钢复合板的焊接[J]. 焊接，2008(5)：65-67.

[9] 杨晓明. 刀剪用不锈钢复合板组织和性能的研究[D]. 北京：北京科技大学，2018.

8 厨刀的设计、制造与加工

8.1 厨刀的设计

随着人们生活水平的提高，对厨用刀具等日常生活用品的品质要求不断提高，设计不仅要求刀具美观，更要求刀具耐腐蚀、锋利及耐用，甚至要有抗菌作用。厨刀具有加工、切（分）割食品的功能。厨用刀具根据使用功能可分为斩骨类、斩切类、切片类、其他类刀具，按刀片原材料可分为不锈钢类、碳素钢类、合金钢类、不锈钢复合钢类刀具等。

8.1.1　厨刀产品的设计要求

设计是把一种设想通过合理的规划、周密的计划，以及各种方式表达出来的过程。人类通过劳动改造世界，创造文明，创造物质财富和精神财富，而最基础、最主要的创造活动是造物。设计便是造物活动进行的预先计划，可以把任何造物活动的计划技术和计划过程理解为设计[1]。

设计过程是基于设计者已经对产品有充分的认识，从而在第一步需求的获取及分析上启用自身的知识库进行针对性设计。设计过程通常分为两步：（1）理解用户的期望、需要、动机，并理解业务、技术和行业上的需求和限制；（2）将这些已知的东西转化为对产品的规划（或者产品本身），使得产品的形式、内容和行为变得有用、能用，令人向往，并且在经济和技术上可行。这是设计的意义和基本要求所在[1]。

厨刀是一种常见的手握式工具，如果设计合理，这类实用工具可在日常生活中帮助人们增加动作范围、力度，提高工作效率；如果设计不合理，长时间使用会造成很多身体不适、损伤与疾患，降低工作效率，甚至使人受伤致残。就厨刀设计而言，首先应对厨刀及相关知识有充分的认识，建立厨刀设计制造相关的知识库；然后对需求做出相关分析，才能做出合适的厨刀设计。厨刀的设计还必须考虑工业生产要求、市场要求及人体工程学要求。厨刀设计的基本要素及材料要求如下所述。

8.1.1.1　刀具的基本属性

刀具的基本属性包括一定的几何形状特征（长、宽、厚、角度）及物理

（力学）属性（包括硬度、强度、韧性等）。

8.1.1.2 刀具的结构及其功能分类特征

刀具的结构也可以具体表述为一定的几何形状，一把完整厨刀的结构如图 8-1 所示。

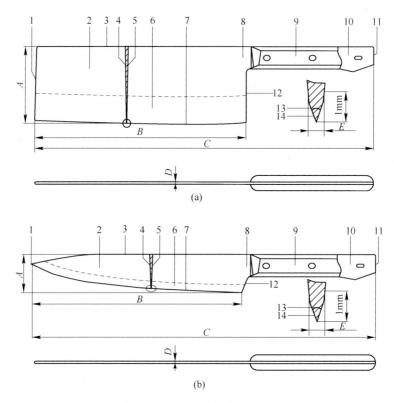

图 8-1　厨用刀具结构示意图

1—刀头/刀尖；2—刀片；3—刀背；4，5—刀面；6—刃部；7—刀刃；8—刀颈（刀肩）；
9—刀柄；10—刀樽；11—刀尾；12—刀根；13—刀刃包角；14—刃面；
A—刀片宽；B—刀片长；C—刀总长；D—刀片厚；E—刀刃厚

由图 8-1 可以看出，厨刀主要由刀片、刃部、刀颈（刀肩）、刀柄和刀樽等几部分组成。上述所涉及厨刀相关名词解释见表 8-1。

表 8-1　厨刀相关名词解释

名　　称	名　词　解　释
刀片（blade）	刀具除刀柄及辅助配件部分外的统称
刀柄（handle）	手握持刀具的部分，也称手柄
刃部（edge section）	刀片刃口区域

续表 8-1

名　　称	名　词　解　释
刃面（bevel）	形成刀刃包角的斜面
刀刃口（cutting edge）	由刃面相交形成包角用于切（分）割的部位
刀颈（blade neck）	刀片与刀柄相连接的部分
刀刃包角（included angle）	刀刃口两个刃面相交形成的夹角

8.1.1.3　刀具材料

厨刀制备使用的材质有不锈钢、合金钢、碳素钢、复合钢、陶瓷材料等，目前常用由马氏体不锈钢材质制备的刀具，如 4Cr13、5Cr15MoV、6Cr13、8Cr13MoV、VG10 等。

8.1.1.4　刀柄形状、材质及其结构配合方式

刀柄形状通常有圆（棒状）和方（片状），根据不同地区使用习惯会有不同。刀柄的材质通常有木材、金属、合成材料、骨牙、角类和贝类几种，不同刀柄材质如下所述。

（1）木材。木材是制作刀柄的传统材料。木质刀柄手感好，有一定吸震作用和吸水性，如果保养得当也不容易变形开裂。木质刀柄会因为材质不同而呈现出不同的纹理和手感。优质的木质手柄既耐用又美观，且有多重选择，是最受欢迎的刀柄之一。木制手柄的优点是吸震、温手、防滑等；缺点是缩水、咯手、易藏污、不耐用（易腐烂松动）。

（2）金属。金属类的刀柄最常见的就是不锈钢、铝合金和钛合金。金属刀柄的优势就是坚固结实耐用，但因其金属特性，往往手感欠佳，防滑性差。其中，钛合金相对较昂贵，美观度最好，因为可以通过阳极氧化处理而赋予其独特的颜色，所以也多用于定制刀具。金属手柄的优点是稳定、耐用、干净；缺点是冬季冰手、滑手、没有减震。

（3）合成材料。人工合成的材料很多，应用范围也最广，主要是机制刀具。比较常见的有 ABS、PP、TPE、碳纤维、G-10、美卡塔、尼龙玻纤。其中，碳纤维是一种非常轻便结实的材料，但脆性很大，容易破裂；G-10 是由玻璃纤维制成的层压复合材料，坚韧轻便耐用，但和碳纤维一样较脆；美卡塔是由多层编织材料与环氧树脂层挤压在一起制成，坚韧耐用；尼龙玻纤具有超强的抗折性、耐磨性和坚固性，最大特点是价格便宜，广泛用于批量生产的廉价刀具。

（4）骨牙类。骨牙质刀柄是最早的柄材之一，流行至今。骨柄多来源于自然死亡的各种各样的动物。最常见、最经济的是牛骨，其次还有骆驼骨等，象牙和海象牙也被用作刀柄。另外也有用动物的上颚骨或下颚骨制作另类刀柄的。骨牙类刀柄具有极强的传统性和独特的纹路、质地，且骨柄能染成各种颜色。但

是，这类刀柄不适合重负荷情况使用，影响其稳定性的因素也多，使用环境有限。

（5）角类。除了骨头，很多动物的角也经常被当作刀柄材料使用，如鹿角（鹿、麋鹿等）、牛角、羊角、狍子角等。其中，牛角最常见，品质参差不齐；鹿角是较高端的材质，以水鹿角居多；狍子角骨刺较多；羊角以羚羊角更具风味。和骨牙类刀柄一样，多用于手工刀具。

（6）贝类。贝类一般用于高端手工刀具，常见的有珍珠母、鲍鱼壳、玳瑁等。品质优良的贝类是非常昂贵、时尚、坚韧的材料，多制成贴片，用作刀柄装饰，美观度极强，基本上都是用来做观赏类或收藏类的刀具，实用性并不高。

刀柄结构可分为全龙骨结构、半龙骨结构、鼠尾结构（隐藏式）和焊接结构，不同结构的描述如下。

（1）全龙骨结构。全龙骨结构通常被认为是最耐用、最坚固的刀具结构。但是全龙骨结构的刀较重。全龙骨结构也就意味着刀具内的钢材多，重量也比其他类型的龙骨结构更重。代表产品如图 8-2 所示。

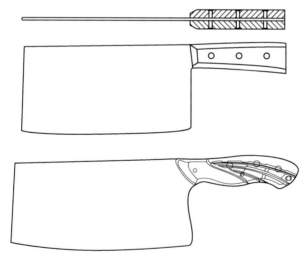

图 8-2　全龙骨结构刀柄

（2）半龙骨结构。半龙骨结构的龙骨长度至少为刀柄的一半，如图 8-3 所示。

（3）鼠尾结构（隐藏式）。结构强度比龙骨结构低，具有吸震和轻盈等优点，该结构具有以下几种搭配方式。

1）穿心结构搭配方式 1：弯曲配合，如图 8-4 所示。

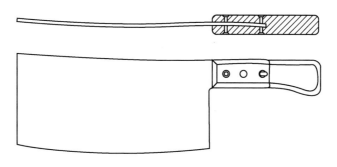

图 8-3 半龙骨结构刀柄

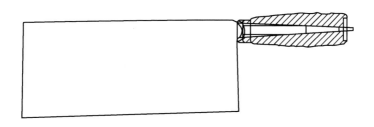

图 8-4 穿心结构搭配方式 1：弯曲配合

2）穿心结构搭配方式 2：胶水粘贴+螺纹紧固，如图 8-5 所示。

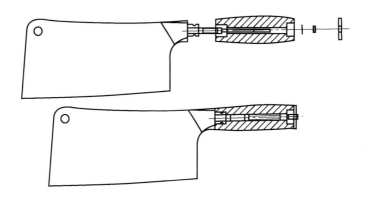

图 8-5 穿心结构搭配方式 2：胶水粘贴+螺纹紧固

3）穿心结构搭配方式 3：铆合，如图 8-6 所示。

4）穿心结构搭配方式 4：注塑，如图 8-7 所示。

（4）焊接结构。刀柄与刀身通过焊接的方式结合到一起，如图 8-8 所示。

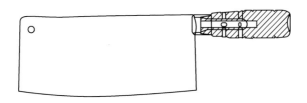

图 8-6 穿心结构搭配方式 3：铆合

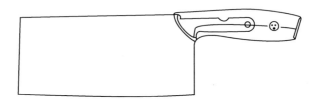

图 8-7 穿心结构搭配方式 4：注塑

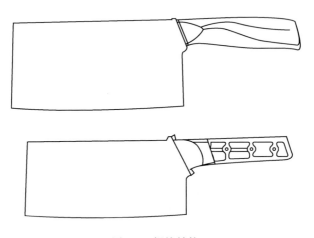

图 8-8 焊接结构

8.1.2 厨刀的刃口设计要求

8.1.2.1 刃口简介

开刃口是指利用硬磨料颗粒作为刃口的磨削工具，安装于动力机床或固定于工作台上，由人工把持刀片，控制磨削压力将刃口磨削位置与磨具发生干涉，并在稳定的吃刀压力下作横向来回进给运动，以去除刃口部位的部分材料，满足设计要求的刃口几何形状的加工过程，如图 8-9 所示。

图 8-9　厨刀开刃口过程

刃口各部位示意图如图 8-10 所示。图中不同术语及其对刀具性能的影响如下所述。

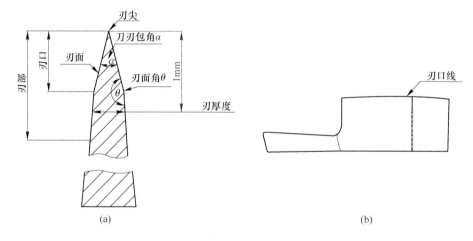

图 8-10　刀具刃部示意图

（a）刃部纵向剖视图；（b）刃口线横向、竖向示意图

（1）刃部：指刀片刃口区域。

（2）刃尖：指开刃后最尖端的部位。理想的刃尖为尖端无毛刺（披锋），且刃尖处的厚度为 0.01mm 以下时锋利性极好。达到这样细小的刃尖时，目视无法分辨，可以做到吹毛断发。影响刃尖锋利性能的因素有很多，如刀片原材料、磨料质量、加工损伤、开刃工艺等。

（3）刀刃口：指由刃面相交形成包角用于切（分）割的部位。

（4）刀刃包角：指刀刃口两个刃面相交形成的夹角。图 8-10 中的 α 表示刀刃包角。刀刃包角的大小由刀具的使用功能和刀具原材料决定。相同材料下，刀刃包角越小刀切削性能就越好，斩、砍、剁性能就越差。

（5）刃厚度：指刃尖往下 1mm 处的厚度。不同类型的刀具，其刃厚度也不同，如片切类、斩切类、砍骨类，其刃厚度均不相同。

（6）刃面：指成刀刃包角的斜面。刃面磨削加工的粗糙度影响着刃尖的形貌和强度，关系到切割效果、初始锋利度和锋利耐用度。相同材料，在刃面加工无损伤的前提下，刃面越光滑，其切削流畅度以及初始锋利性能就越好。

（7）刃面角：指刃面与刃部形成的夹角。刃面角的角度大小影响着切入流畅程度，角度越大，切削阻力越小，越容易切入。

（8）刃口线：指刃部的轮廓线。刃口线通常按照使用习惯、使用感受、使用功能设计，不同类型的刀具具有不同弧度的刃口线。刃口线要饱满，即横向看呈现一条流畅的弧线，竖向看呈现一个点。这不仅要求刃部加工时刀口厚度要均匀，还需要磨削开刃工人具有较高的开刃技术。

8.1.2.2 开刃口过程相关术语

（1）吃刀：在开刃口磨削中，吃刀是指手持刀片与磨具的磨削面形成一定的夹角并施加一定的压力，使刃口处与磨削面发生干涉而磨除材料从而获得刃面的运动。

（2）干涉：磨削时，刃口处与磨具磨面产生接触而使接触部位发生磨削的现象。因磨具磨面出现不平整或刃口直线度偏差大，以及刀具其他位置的形状与磨具出现接触，在磨削刃口时不应磨削的部位却发生了磨除，也称为磨削干涉。

（3）磨削热损伤：磨削时，磨具磨面与刃口去除面接触发生摩擦、磨粒与去除面发生滑擦和耕犁等产生的热能，不能有效冷却，从磨除面的表层向次表层传入工件里层，各层间受到不同温度的影响而产生淬火、回火，形成紊乱的应力场，降低了材料应有的性能，叫磨削热损伤。

（4）磨削机械损伤：磨削时，磨粒与去除面发生滑擦、耕犁时产生的拉应力，将成屑周围的材料组织拉离，或将原有微裂纹进一步拉大；吃刀压力过大，磨具又不能有效磨除，使刃口处受力发生弯曲变形而损伤刃尖强度；由于进给速度不均匀或磨具的磨面不平整，磨削过程出现干涉而影响刃口的形状，都属于磨削机械损伤。

（5）披锋：是指磨削开刃后，由于材质的强度不足以支撑刃尖细小的体积，而出现柔软的部分，以及磨削开刃后在刃尖表面残留的细微铁屑。

磨削开刃后必然会有披锋产生，而产生披锋的主要原因集中在刀片的原材料、热处理后的力学性能、磨具的性能以及磨削开刃时的操作等几个方面。材质强度高、磨具磨粒锋利且粒度小、磨削吃刀压力轻等条件下披锋就会小。磨削开刃后都会存在披锋，针对不同条件，只是大小和多少而已。

磨削开刃后可以通过后续精细磨削加工去除披锋，也可以通过增大刃口角度减少材质强度不足形成的披锋，但会存在更细小的刃尖披锋和磨屑。多级磨削开刃是做一把好刀必须工艺，而好刀最终还要通过与软木等材料摩擦去除披锋。对于刃口的磨削加工，工艺、接触介质、工人技术等对披锋的去除以及对刃尖的锋利性能有着极大的影响。因此，从根本上去除披锋是一个业界难题，对不同档次的刀具刃口加工，需要分类处理。

（6）曲率半径 R：刀具使用后，其刃尖厚度逐渐变大，刃尖不再呈尖锐的形状，剖视图显示为圆弧状，圆弧的半径可称为曲率半径。

当刃尖厚度为 0.02~0.05mm 时，目视虽无法分辨，切削轻松，但已无法做到吹毛断发。当曲率半径逐渐增大，刃尖厚度达到 0.06mm 以上时，目视可见刃尖呈白线（点）状，切削时需要使用较大压力，甚至无法切削，此时刀具为变钝状态。变钝状态就需要复磨刃口。

8.1.2.3 刃口几何形状

为适配刀具实际用途，以实现锋利的切割性能，刃口的几何形状很重要。目前刃口的几何形状大致分为以下五大类：

（1）锥角状刃口，如图 8-11 所示。锥角状刃口是目前最常见的刀刃口磨削形状，刃面磨削成对称的平面，由两面形成夹角构成一个刃尖。夹角的大小根据刃口材质的强度及刀具使用功能确定。当刀刃口部位的材质相同时，刀刃包角越大，强度就越大且越耐磨损，但切割阻力会相对增大，锋利性能变差。因此，砍、斩类刀的刀刃包角相对大些，而切片类的刀刃包角则相对小些。

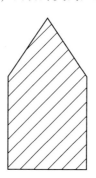

图 8-11 锥角状刃口示意图

刀具锥形状刃口相对于其他形状的刃口易于磨削成型，也便于顾客在使用时复磨恢复锋利。这种刃口形状既保证了锋利度，稍作角度变化又具有相当的强度，简单实用，普遍适用于民用刀具。

（2）弧形刃面，如图 8-12 所示。在锥角状刃口的基础上，参照拱形提高强度的方式进行刃口形状改良，使刃口在同材质的基础上提高强度。从原理上分析，如一个球体由弧面构成，各个方向上都是拱形的，当球体的任何一个地方受力，力都可以向四周均匀分散开来。因此，弧面刃的刃口比常规的锥角形刃口具有更大的强度，刃口在切、斩被切物时能承受更大的压力而不易变形或崩缺。这种形状在切割时的阻力相对增加不大，会对锋利持久性和抗冲击发挥更大的作用；除了形状上提高了刃尖的力学性能外，还适度扩大了刃尖的体积，扩大的体积为刃口上利用碳化物作为微细切割刃的刀具，提供了碳化物不易脱落的把持能力。

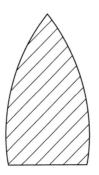

图 8-12　弧形刃面示意图

（3）刃面凹圆弧式刃口，如图 8-13 所示。用凹圆弧的方式磨削出刃面的刃口形状，会形成一个相对较薄而细小的刃尖，使刀刃口切入阻力减小，锋利性能增加。由于薄刃口的结构特性，其承受压力的强度相对降低。因此，刃口材质必须具备高强度的性能。这种刃口一般是针对被切物组织比较细嫩、切割断面质量要求高的刀具设计。

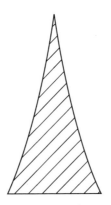

图 8-13　刃面凹圆弧式刃口示意图

（4）隐刀式刃口，如图 8-14 所示。这种形状的刃口是没有明显的刃面角，刃面与刃部的刀面无分界连接，适合于刀刃口厚度较薄的刀具。如果刀具使用需求是深度切入且要求特别锋利时，那么在刀刃材质选择时就要考虑选用高强度的材料，才可将刀具刃口设计成隐刃式形状，磨削加工时要求将刃部与刃尖直接连接成刀面，甚至可从刃尖至刀背。当刀厚度较厚时，刃口的角度与厚度变化以弧面连接，从而获得灵活的刃口外观变化，以满足不同的切割需求。但是这种形状的刃口磨削加工难度较大，特别是在磨刀时对操作工人的技能要求较高，所以该种方式加工出来的刃口直线度及一致性都不稳定，一旦出现缺陷就会影响刀具的切割性能。这种刃口形状适合于专业用刀且掌握磨刀的客户。

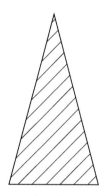

图 8-14 隐刃式刃口示意图

（5）单边刃口，如图 8-15 所示。单边刃口是将刃尖偏于一边刀面的刃口形状。这种磨削加工方式相对容易，因为开刃磨削时只需要研磨单面就可以了，相对于要实现对称性的其他开刃方式简单。这种刃口形状在日式刀中较常见，且往往是刃尖这边的刀面为凹弧形状，使刃尖更细小。

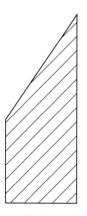

图 8-15 单边刃口示意图

这种形状的刃口要保持刃口线的饱满，需要刀片的直线度更高。单面刀刃的锋利性也同样由刀尖剖面的曲率半径决定。对片切柔软的肉质食材更易于控刀，可片切出极薄且均匀的软体食材，如鱼、虾等肉片被分割出后肉质伤害小。其缺点是，由于是单边开刃的方式，使用起来会有偏向的感觉。采用单边刃口的如日式鱼片刀、十八子怪刀等。

8.1.2.4　刃口磨削加工质量要求

磨削后的刀具刃口经刮、磨除披锋后，应满足以下要求：

（1）没有特殊要求时，开刃口的刃包角根据不同的用途有不同的要求：斩骨刀56°±2°，单面夹角28°±1°；斩切刀46°±2°，单面夹角23°±2°；切片刀26°±2°，单面夹角13°±1°。

如果刃口材质出现偏差，要对刃口材质进行测试，可采取调整刀刃包角，获得较好的性能指标。

（2）刃口直线度：刃口竖向不应出现弯曲变形。

（3）刃口侧面观察轮廓线：刃口轮廓线与设计刀形相符，线条不能有断续现象，并且刃面与刃面角线目视观察相对平衡。不应有可见的披锋（毛刺）或其他缺陷。

（4）竖向观察刃口线：刃口竖向正对视线，目视观察刃口线应为一条极细小、实际上目视不能识别的、均匀的、由两边刃面衬托的黑线，不应观察到碰口、白口、白线、粗黑线等现象。

（5）刃面宽度一致：刀根至刀头的刃面宽度应均匀一致，特殊设计除外。

（6）左右刃面宽一致：有刃面及两边刃面的，需保证目视观察时两边刃面宽度一致。

（7）左右刃面磨削纹理：原则上开刃口磨削纹理应向刀头方向呈20°~45°角，且整个刃面以及两边刃面的方向应一致。

（8）刃面光泽：应光亮或镭射光芒或镜面，不应呈现亚光、暗光，过烧发黄现象。

（9）成品刀具的刃面磨削粗糙度：目视观察不应出现粗大或有磨削跳纹、顿纹。

（10）刀具刃部不应出现异常的纹理、凹凸不平或麻点等现象。

8.1.3　厨刀焊接类型介绍

厨刀的焊接接头方式基本为对接接头，焊接类型主要有以下三种。

（1）刀柄柄片通过焊接成型。焊接材料主要使用430铁素体不锈钢，厚度0.8~1.2mm，如图8-16所示。

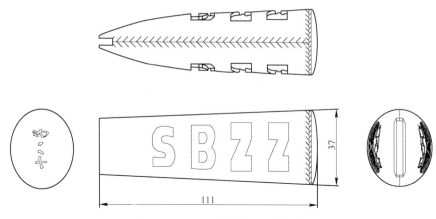

图 8-16　刀柄柄片通过焊接成型

（2）刀柄焊接连接。刀体材料分别为 20Cr13、30Cr13、40Cr13、50Cr15MoV、60Cr15MoVNbAg 等马氏体不锈钢，厚度范围通常在 2.0~4.0mm。刀柄材质主要是 430 铁素体不锈钢，厚度范围通常 2.0~4.5mm。刀柄焊接连接方式如图 8-17 所示。

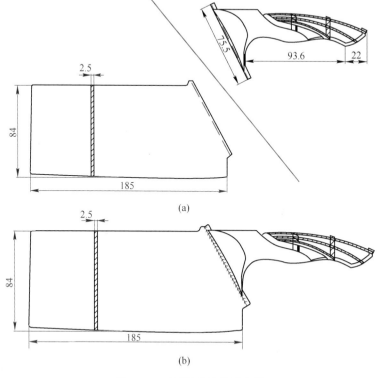

(a)

(b)

图 8-17　刀柄焊接连接示意图

（3）刃部刀条焊接连接。刃部刀条焊接连接是"好钢用在刀刃上"的一种形式，刃部刀条通常为高碳高铬或复合型材料，背部为低碳材料。刀条材料分别为 50Cr15MoV、复合钢刀条（表层材料一般为 10Cr17 或 20Cr13，芯部材料为 80Cr13MoV、90Cr15MoV、VG10 等高碳高铬钢材）、山特维克 12C27 等，厚度范围 2.0~4.0mm。刀背材料通常为 20Cr13 马氏体不锈钢，厚度范围通常为 2.0~4.0mm。其焊接方式如图 8-18 所示。

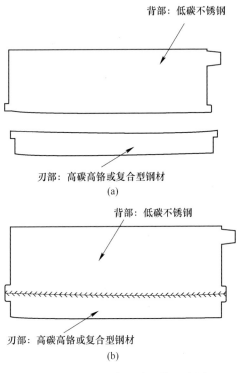

背部：低碳不锈钢

刃部：高碳高铬或复合型钢材

(a)

背部：低碳不锈钢

刃部：高碳高铬或复合型钢材

(b)

图 8-18　刃部刀条焊接连接示意图

厨刀焊接发展趋势：手工焊→氩弧自动焊→激光自动焊。

焊接技术进步的突出表现就是焊接过程由机械化向自动化、智能化和信息化发展。焊接机器人的应用，是焊接过程高度自动化的重要标志。

焊接机器人大多为固定位置的示教型的手臂式或直线模组搭配而成的三轴及以上运动。通过示教，记忆焊接轨迹及焊接参数，严格按照示教程序完成产品的焊接。只需一次示教，机器人便可以精确地再现示教的每一步操作。这类焊接机器人的应用较为广泛，适宜于大批量生产，用于流水线的固定工位，其功能主要是示教再现，对环境变化的应变能力较差。

自动化焊接加工不能省成本，但是可以相应降低工人技术要求。工人能理解焊接并能操控设备进行编程调节，即可参与自动化加工。

8.2 厨刀的制造与加工工艺

8.2.1 厨刀用板材生产过程

市场上最常见的厨刀材料有碳钢、不锈钢、高端合金钢和陶瓷，其中马氏体不锈钢刀具是家庭厨刀的主流。由图1-10可以看出，一把高档厨刀的生产需经过电渣重熔、开坯、高温扩散退火、热轧、球化退火、酸洗、冷轧、冲裁刀坯、淬/回火、焊接刀柄、粗磨、精磨、开刃、刀具清洗/烘干、激光打标、包装等十多道工序。

相较于连铸工艺，电渣重熔工艺通常用于质量要求严格的特殊钢种的生产，经电渣重熔工序生产后，可以得到组织均匀、致密、洁净度高的高档厨刀用钢。厨刀用钢的原始凝固组织中包含马氏体和奥氏体组织，同时由于合金元素含量高，凝固组织中存在大量尺寸大、形状不规则且高温不易溶解的一次碳化物，容易成为裂纹源，影响厨刀的使用性能，需要在后续加工过程中采取措施，使之溶解到钢基体中。碳化物的控制水平作为评判刀具用钢好坏的标准之一，贯穿整个厨刀用钢的生产过程。开坯过程是将一定规格的电渣锭轧成一定厚度的钢坯，该过程中一次碳化物发生破碎，并沿轧制方向平行排列。一次碳化物的破碎分散使之更加容易在高温扩散退火过程中发生溶解，经1200℃保温2h的高温扩散退火工序和热轧工序后，可以得到一次碳化物基本溶解的热轧板卷。热轧状态的马氏体不锈钢在室温状态下基本为马氏体组织，硬度大、韧性较差，不利于后续冷轧和冲裁刀坯，故而需进行球化退火处理，使钢中的碳与金属元素以球状碳化物的形式析出，均匀分布在铁素体基体中，这样可以充分降低材料硬度、提高塑性。冷轧前对钢卷进行酸洗以去除钢材表面的氧化铁皮，并将在冷轧工序将球化退火后的钢卷轧至最终厨刀要求的厚度。

实际生产过程中，根据刀柄装配方式特点，在冷轧之后的制造与加工流程上略有区别。常见的是通过铆合方式生产的木柄刀和通过焊接方式生产的空心柄刀、铸钢柄刀，不同类型厨刀在冷轧之后的工艺流程描述如下文所述。

8.2.2 厨刀的工业化制备过程

冷轧之后的板材制备成厨刀的过程，如图8-19所示。

由图8-19可以看出，厨刀工业化制备过程主要分为：（1）刀坯成型；（2）热处理；（3）刀坯磨削加工（表面、刃口）；（4）刀柄抛磨；（5）Logo标刻。不同部分的操作目的及方式如下所述。

8.2.2.1 刀坯成型

厨刀工业化制备从钢卷的分条剪板开始。分条剪板是将大尺寸卷料钢板分

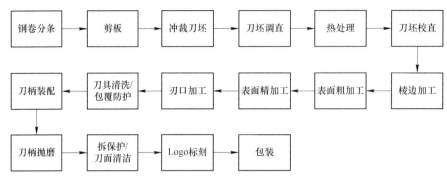

图 8-19 厨刀的制备过程

条, 得到小尺寸卷料钢板, 再经过冲裁剪断得到不同尺寸的方形钢板。其目的是减少物料的浪费, 有效提高企业的生产效率和成本效益。分条剪板适用于尺寸规格较大的冷轧板卷, 对规格尺寸满足刀坯冲压的冷轧板卷则不需要进行该工序。分条裁剪前后钢材的变化如图 8-20 所示。

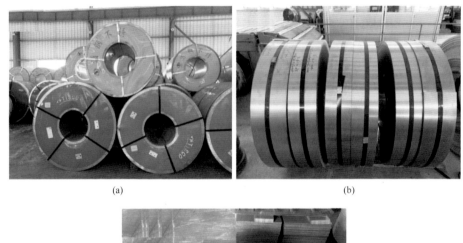

(a)   (b)

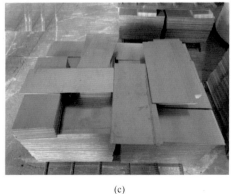

(c)

图 8-20 分条裁剪前后钢材的变化
(a) 分条裁剪前钢卷; (b) 分条后; (c) 裁剪后

裁剪好的方形钢板目前主要有两种成型方法：

（1）通常使用冷冲压方式，在冲床上利用模具冲裁成型，得到所需形状的刀坯，冷冲压设备操作现场如图8-21所示。

（2）激光切割，在电脑上进行排版，再在激光切割设备上放置好钢板，设定好切割路径加工。激光切割成型相比冲压成型加工无需模具，柔性化程度高，适合小批量以及厚板加工。

图8-21　冲压设备操作现场

板材经冲压处理后，得到了可用于进一步磨削加工的刀坯，冲裁后钢材的变化如图8-22所示。

(a)　　　　　　　　　　　　　　　(b)

图8-22　钢板冲裁后的变化情况

（a）边角料；（b）刀坯

8.2.2.2 热处理

刀坯热处理的过程是将珠光体状态的原材料转变成回火马氏体组织，从而使刀具获得需求的硬度、韧性以及耐蚀性。不同材料需要选取相应的热处理工艺制度，以使材料性能达到最优化。热处理是厨刀的核心工序之一，影响厨刀成品各项性能。由于上文第5、6章已详细描述厨刀热处理工艺特点、设备，在此不再重复。

8.2.2.3 刀坯磨削加工

刀具刃口是通过磨削加工而成的。刀具磨削之前，部分焊接刀具需进行焊柄处理。刀身与刀刃需经过粗磨和精磨两道工序，一般在水磨车间完成，如图8-23所示。

图 8-23　水磨车间示意图

厨刀工业化制备中表面粗加工（粗磨）工序通常使用数控端面磨床。粗磨的目的是去除刀坯表层缺陷（如热处理氧化层、钢板表面砂眼等），磨除刀坯多余部分以获得预期的形状，粗磨后通常表面粗糙度 $Ra \leqslant 1.6\mu m$。粗磨前后刀具的变化如图8-24所示。

精磨即对整个刀面进行精加工，改善刀具表面的光滑度和精度，实现产品设计的外观形状要求。厨刀工业化制备表面精加工一般有三种：镭射纹、拉丝纹、镜面，通常表面粗糙度 $Ra \leqslant 0.1\mu m$。镭射纹由数控端面磨床装载橡胶砂轮加工；拉丝纹则通过不同粒度的砂带、尼龙磨料在砂带机及拉丝机上加工得到；镜面是在镭射纹、拉丝纹两者基础上进一步加工获得的更精细表面，通常经过多道先粗后精的砂带加工后，在抛光机上使用尼龙轮、麻轮及布轮等配合抛光蜡打磨抛光而成，能像镜子一样映出物体，故称为镜面。精磨后刀具的变化如图8-25所示。

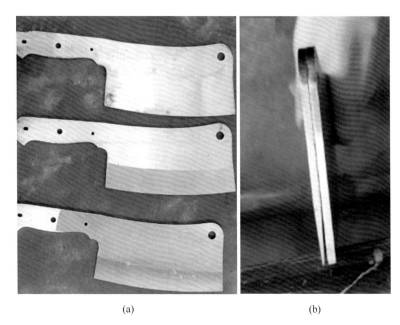

(a)   (b)

图 8-24　粗磨前后刀具的变化示意图

（a）表面变化；（b）侧面变化

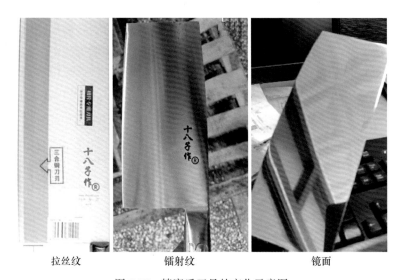

拉丝纹　　　　　　　镭射纹　　　　　　　镜面

图 8-25　精磨后刀具的变化示意图

　　磨削属于制刀关键工序，工艺控制好坏直接关系刀具性能。主要控制点：一是使刀具形状外观符合设计要求，二是磨削过程尽可能降低损伤。精磨结束后，将按照使用要求对刀具进行开刃。

8.2.2.4 刀柄抛磨

磨削结束后进行刀柄的装配，刀柄的装配是指将刀柄与刀身连接起来的加工工序，木柄通常通过铆合的方式进行连接。刀柄材质五花八门，塑料、木柄、金属、陶瓷甚至是动物骨骼/牙齿等硬质组织都可以做成刀柄。

通常刀柄依据先粗后精的加工原则经过多道磨削（打磨）加工，一般有砂光亚光面以及镜面两种打磨效果。

8.2.2.5 Logo 标刻

Logo 标刻通常是厨刀工业化生产中产品加工的最后一步，常见的标刻方法有激光标刻、冲（锤）压标刻、丝印标刻、电蚀标刻。

激光标刻：利用高能量密度的激光束对目标作用，使目标表面发生物理或化学的变化，从而获得可见图案的标记方式。

冲（锤）压标刻：使用模具经过冲压机或手动锤打使表面刻出 Logo。

丝印标刻：使用模具沾涂油墨印刷在表面上。

电蚀标刻：外加电源使得电极电位高的氧化性离子在阴极放电还原，而阳极区电极电位低的较活泼金属失电子被氧化，成为阳离子脱离材料表面，形成阳极的腐蚀。需要借助电解液及模板进行加工。

相比冲（锤）压、丝印、电蚀都需要预制备模具（板）配合加工，激光标刻具有柔性化程度高、环保、清晰度高、不会脱落等优点，是目前厨刀工业化制备中主流的标刻方法。

刀具在生产过程中需经过多道工序打磨加工，为防止后续磨削工序对前道工序已完成的产品产生影响，需进行必要的清洁与防护。木柄刀生产过程中的防护主要是防止刀柄干磨过程中对刀刃及刀身的损伤。厨刀生产过程中刀身具体防护措施如图 8-26 所示。

图 8-26 厨刀生产过程中刀身具体防护措施示意图

一张张普通的钢板经过上述多项精雕细琢的加工，才能摇身一变成为一把把千家万户手上必备的厨刀，在厨房大展身手，加工出一桌桌美味佳肴。

8.2.3 刀柄的装配工艺要求及种类

刀柄也称手柄，一般指手握的部分。刀柄装配是指按照规定的技术要求，将若干个零件组装成部件或将若干个零件和部件组装成柄形状的过程[2]。也就是把已经加工好并经检验合格的单个零件，通过各种形式依次将零部件连接或固定在一起，使之成为柄的过程。

刀柄装配后要吻合、牢固、紧凑，同时使人手感更舒适。刀柄装配分为铆合类刀柄装配、注塑类刀柄装配、焊接类刀柄装配、黏合类刀柄装配或其他类刀柄装配。

刀柄的装配种类一般为过盈配合（子母钉铆合、弯尾等）及间隙配合（螺纹连接、胶水填充）。

（1）过盈配合。子母钉铆合：对钉类产品通常使用子母钉过盈铆合连接，子钉与母钉联结使母钉膨胀，从而撑紧刀柄孔隙。子母钉铆合示意图如图8-27所示。

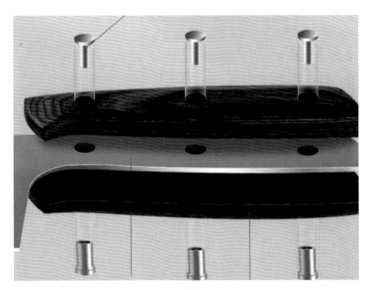

子母对钉铆合(过盈配合)

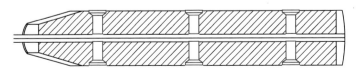

图8-27　子母钉铆合示意图

圆木柄弯尾卯合（图8-28）：金属柄尾部尺寸略大于木质刀柄的孔（槽），装配过程中使用压力将木柄压紧至刀体的限位，并将装配后凸出的金属柄尾部压弯扣紧木柄尾部平面。该过盈配合要求木柄具有一定的韧性，否则在装配中可能受压爆裂。

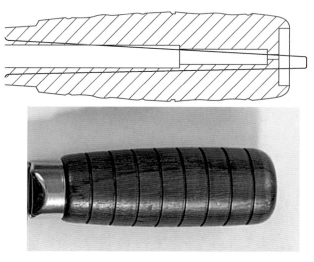

图 8-28　圆木柄弯尾卯合

（2）间隙配合。间隙配合的刀柄金属钢头后部一般带有一段螺纹丝杆。将金属柄头部位、杆位置涂抹配制好的胶水，然后将木柄装到金属柄头限位处，再放上垫片/螺母，使用上紧螺母，使螺纹压紧接触平面，最后再用胶水填充尾部间隙。间隙配合示意图如图 8-29 所示。

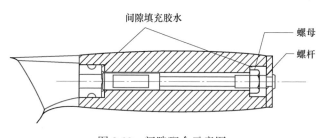

图 8-29　间隙配合示意图

装配工作的基本要求如下：（1）刀片、柄相接处要平顺；（2）不允许有目视可见的上翘或下垂；（3）不可人为地损坏和划花刀片、柄配件等。在装配前应检查柄件与装配有关的相关形状和尺寸精度是否合格。

装配图纸要求如下：（1）图形，能表达柄零件之间的装配关系、相互位置关系和工作原理的一组图；（2）尺寸，表达柄配件之间的配合和柄位置尺寸及安装的必要尺寸等；（3）技术要求，对于装配、调整、检验等有关技术要求；（4）标题栏和明细表。

装配结束后，刀柄强度要求如下：（1）满足用一定的力在各个方向拍打测试达 50 次不出现断裂、裂纹以及大于 3°的变形的现象。此种测试一般指砍骨刀、斩切刀、切片刀、厨刀类；（2）满足在 1.2m 高且各个方向自由跌落至水泥地测试，不能出现断裂、松动、裂纹以及大于 3°的变形的现象，此种测试一般指西式厨刀、多用刀、冻肉刀、果刀类。

目前厨刀主要包括木柄刀具、空心柄刀具、铸钢柄刀具三类。

（1）木柄刀具。木柄刀，顾名思义就是将木材用作刀柄的厨刀，其通常采用铆合的方式连接刀身与刀柄，如图 8-30 所示。

图 8-30　木柄厨刀示意图

（2）空心柄刀具。空心柄刀具多数是一体刀具，与木柄刀相比，刀柄与刀身的连接方式不同，空心柄刀刀柄的装配通过焊接的方式进行，如图 8-31 所示。

图 8-31　空心柄刀示意图

为符合焊接要求，刀坯冲压时刀坯的形状与木柄刀也有所不同，如图8-32所示。

图 8-32　空心柄刀刀坯

（3）铸钢柄刀具。铸钢柄刀是指刀柄为通过铸造工艺生产的钢质刀柄，铸钢刀柄通过焊接的方式与刀身连接到一起，同时采用注塑的方式填充铸钢柄间隙，如图8-33所示。

图 8-33　铸钢柄刀示意图

铸钢柄刀与木柄刀、空心柄刀的区别在于刀柄采用焊接工艺生产，并通过注塑的方式填充铸钢柄间隙。厨刀注塑前后刀具刀柄变化情况如图8-34所示。

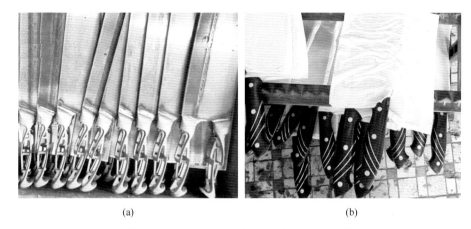

图 8-34　厨刀注塑前后刀具刀柄变化示意图

（a）注塑前；（b）注塑后

铸钢柄刀的刀柄比木柄和空心柄的刀柄更加艺术、美观，如图 8-35 所示。

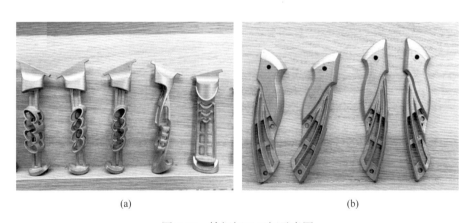

图 8-35　铸钢柄刀刀柄示意图

铸钢柄刀的刀柄生产流程如图 8-36 所示。可以看出，铸钢柄通过铸造的方式进行生产，其生产流程包括蜡模制造、制壳、熔炼/浇铸、后整理和品检五大部分。不同部分的说明如下所述。

（1）蜡模制造。蜡模制造包括蜡处理、压制蜡模、修蜡和组树，该工序的目的是得到铸钢柄的蜡模型。组树完成后的蜡模如图 8-37 所示。

由图 8-37 可以看出，经组树工序后，多个刀柄蜡模型串联到一起，经清洗后用于制壳工序。

（2）制壳。制壳工序是通过将矿砂涂抹到蜡模表面形成厚厚的壳。矿砂制壳操作示意图如图 8-38 所示。

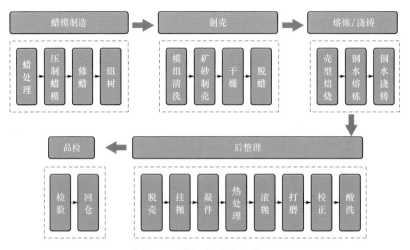

图 8-36　铸钢柄的生产流程

图 8-37　组树后的蜡模

图 8-38　矿砂制壳操作车间

高温下进行脱蜡处理，待蜡从模具中流出后，得到可用于钢水浇铸的模具，如图 8-39 所示。

图 8-39　制壳结束后得到的模具

（3）熔炼浇铸。熔炼浇铸又称金属浇铸，是将铸件的金属原料熔炼后，流入模中，以填充模具内部空间的一种工艺。在钢水浇铸前需进行壳型焙烧，以保证浇铸过程壳不发生开裂行为。

（4）后处理。铸钢刀柄生产工艺后处理的目的是提高表面精度和光洁度，去除表面缺陷，使其圆润顺滑。通过滚抛、打磨、校正和酸洗多道工序后，可得到用于厨刀装配的铸钢柄刀柄。

（5）品检。品检的目的是剔除不合格的产品。

8.3　厨刀制造过程中常见问题及分析

8.3.1　厨刀开刃口过程造成的损伤

一般采用磨削加工的方法进行厨刀开刃口。开刃磨削加工过程中，有时会对厨刀造成一定的损伤，主要体现在机械损伤和磨削热损伤。

8.3.1.1　机械损伤

开刃磨削加工过程中，机械损伤主要表现为表面顿纹、表面划痕、刃面出现重叠的磨削纹理或线条、滑擦和犁耕时拉离材料中的晶界。

（1）表面顿纹。表面顿纹是由于开刃磨削过程中受到振动影响，而使刃面产生磨削级差的现象，如图 8-40 所示。磨具安装不平衡、磨具磨面不平、磨削机器运转振动异常、人为抖动等是表面顿纹产生的主要原因。表面顿纹不仅影响刀口表面粗糙度和美观程度，还会极大地影响刃口的锋利性能。表面顿纹目视即可观察得到，其表现为刃面产生逐级纹理，每一级的分界线都相当明显。表面顿纹的产生属于人为因素居多，只要对磨具、磨削机器以及操作工人的技术进行监控，便可有效降低甚至杜绝表面顿纹的产生。

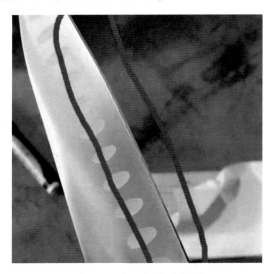

图 8-40　表面顿纹示意图

（2）表面划痕。表面划痕产生的原因主要是磨屑与磨粒在开刃磨削过程中没有及时排走，依然停留在磨具磨面以及刀具刃面上，并在开刃磨削中产生摩擦，对刃面以及刃尖造成损伤，表面划痕示意图如图 8-41 所示。表面划痕不但会在刃面上产生划痕，造成外观上的残缺，还会对刃尖造成极大的损伤，如锯齿口、凹口等现象。因此，想要解决磨削划痕带来的危害，可采用调整冷却液的冲刷位置以及流速、更换排屑性能优异的磨具、过滤冷却液、定时清除磨具磨面上的排屑物等措施。

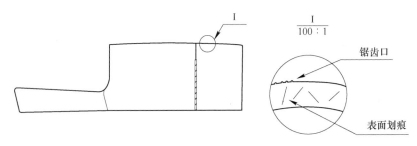

图 8-41　表面划痕示意图

（3）刃面出现重叠的磨削纹理或线条。一般发生在刃口的多道次磨削或复磨的过程当中，由于多道次磨削或复磨，操作工人没有掌握好每个道次或每次磨削开刃的角度，在往复多次的磨削过程中角度控制出现偏差，致使刀具产生两个或多级刃面，此现象称为多重刃面，如图 8-42 所示。刃面出现重叠的磨削纹理或线条同样影响美观以及锋利性能，避免产生此现象最有效的方法是提高控制刃口角度的能力。

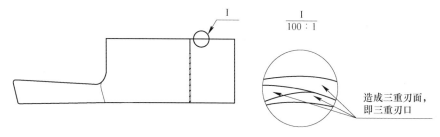

图 8-42　多重刃口示意图

（4）滑擦和犁耕过程拉离材料中的晶界。磨削时磨粒变钝、吃刀压力大造成在滑擦和犁耕过程拉离材料晶界，从而影响刃口强度。磨具锋利、吃刀压力轻，是控制的重点。

8.3.1.2　磨削热损伤

刀具开刃磨削加工过程中，在刃面上呈现出深浅不一的褐红色、紫蓝色或者紫黑色等变色现象，同时由于磨削热导致刃口区产生回火或退火现象称为磨削热损伤，通俗来说就是磨削烧伤，如图 8-43 所示。

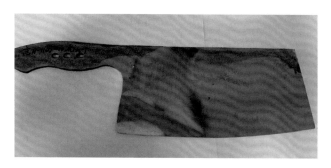

图 8-43　磨削热损伤示意图

磨削热损伤根据其程度不同，可对刃口的硬度、锋利性、耐用性、耐腐蚀性以及疲劳强度等造成不同程度的影响。由磨削热导致膨胀、冷却收缩出现拉应力与应变，当热应力消失后，在磨削区残留有拉应力而影响性能，严重的可导致刃口出现裂纹，使刀具变成废品。

磨削热的产生是不可避免的，磨具在高速运转过程中与刀具接触磨削，在没有冷却液或者冷却液失效的情况下，可产生 900℃ 以上的温度。在这样高温情况下，刃口表层就会随着温度的变化发生淬火，产生相变，这种层间不均匀相变会导致脆性增大，影响锋利性能。

一般来说，产生磨削热损伤的主要工艺因素有以下几个：

（1）磨削去除量的影响。当加工量大时，可以采取多道次磨削的方法减轻磨削热带来的损伤。

（2）磨削厨刀与对应磨具的性能不匹配。可以通过对磨具以及所磨削厨刀的材料进行数据收集以及分析，选配适合磨削对应材料的磨具。

（3）冷却液的类型以及冷却方式。在不改变冷却液的情况下，可以采用改善冷却方式的办法来调节，如调整冷却液输送的大小、位置、方向等。

（4）磨削进给速度的影响。通过日常数据的归纳分析，来确定不同类型刀具磨削对应的进给速度。

厨刀刃口是否造成了磨削热损伤，可以采用酸洗判定法：将刀具刃口浸泡在浓度为 3%~5% 硝酸溶液中 30~50s，如果表面呈暗灰色则说明无烧伤；如果表面呈黑色则有烧伤。通过从灰至黑颜色变化可判断烧伤的不同程度。也可采用显微硬度检测法，即采用显微硬度计对磨削厨刀进行检测，根据所测硬度与原刀坯的硬度变化，判断刃口烧伤程度和变质层深度。还可以利用专用的磨削热损伤测试仪器定性监测是否造成了损伤。

8.3.2　开刃口质量缺陷及其控制措施

内部组织符合要求的厨刀，磨削开刃的质量决定其锋利性能。磨削加工对刃口质量产生影响的因素包括刃尖披锋、刃口角度、材质强度、刃面粗糙度、刃尖厚薄均匀性、刃面对称性、刃口弧线完整性以及磨削损伤等。

（1）刃口的外观与切割性能的关系。厨刀是通过极细小的刃尖去实现切割性能的，刃口外观的形态决定着切割性能的好坏。磨削开刃工序中，对刃口的外观有一定要求，如刃口线居中、刃口直线度、刀刃包角、两边刃面大小对称且均匀、刃尖处不可有目视可见的黑线和披锋等。

（2）开刃口前要进行刀片的符合性检测。磨削开刃前，要对刀片进行检测，着重检测刀口的厚度和直线度、未磨刃面位置的相对平整度等对磨削开刃产生影响的因素。刀口的厚度按照使用功能或具体要求进行控制，一般情况下厚薄的公差不大于 ±0.05mm；刃部平整度使用钢尺或目视方式检测，不允许出现凹凸不平现象；刀口的直线度不大于 0.1mm。

（3）刃口外观缺陷与磨削过程控制的关系。刃口的外观缺陷会制约厨刀切割性能的发挥，也影响客户的体验感受。对磨削开刃而言，多从工人技能、磨具磨料、磨削工艺等几方面解决刃口外观缺陷问题。

（4）刃口披锋缺陷控制。有效控制磨削技术条件后，仍有较大的披锋产生，在确定材质强度符合要求时，应采用多道次磨削加工去除，或者在常规磨削开刃后对刃尖进行精细的刃磨，使用细磨粒磨具进行超高精度磨削，去除刃口披锋。

（5）刀刃包角的控制。关键在于训练工人在磨削时感知刀具与磨具磨面接触时的倾斜度，通过刀片与磨面的角度或刀背与磨面的距离来控制磨削角度，可用专门的角度器材辅助，提高刃口磨削人员对角度的识别和感知能力。同时，使用角度测量仪对磨削开刃后的刀具进行检测，保证磨削开刃的角度。

（6）刃面粗糙度、刃面均匀与对称性、弧线凹口、刃口磨削损伤等方面的外观缺陷，需要通过对磨具材质选用、工人磨削技术及技能掌握等加予控制。刃面粗糙度与磨具材质、吃刀压力和磨削进给速度相关，在磨削开刃前应当根据去除量要求选用适当的磨具和磨削工艺进行磨削，如在磨削过程中明确工艺要求，对磨削进给速度采取有效措施进行监控。其他的缺陷应从提高人员对开刃磨削技术及技能方面进行控制。

8.3.3 厨刀焊接过程常见问题及分析

8.3.3.1 厨刀焊接加工难点分析

厨刀焊接绝大多数属于难焊材料的焊接且绝大多数属于异种金属的焊接，所以焊接难度较大。特别是异种金属的焊接，其难点主要体现在以下三个方面[3]：

（1）化学成分不均匀性。异种金属焊接的时候，由于焊缝两侧金属和焊缝的合金成分有着明显的差别，在焊接过程中，母材和焊材都会熔化并相互混合，混合的均匀程度随着焊接工艺的改变而不同，而且焊接接头位置不同，混合均匀程度也有很大差异，这就造成了焊接接头化学成分的不均匀性。

（2）金相组织不均匀性。由于焊接接头化学成分不连续，导致在经历了焊接热循环后，焊接接头各个区域出现不同的组织，往往在某些区域出现极其复杂的组织结构。

（3）性能不均匀性。焊接接头的化学成分和金相组织的差异，造成焊接接头力学性能的不同。沿焊接接头的各个区域强度、硬度、塑性、韧性、冲击性能、高温蠕变、持久性能都有很大差别。这种显著的不均匀性使得焊接接头不同区域在相同的条件下，表现出来很大的性能差异，出现弱化区域和强化区域，尤其是在高温的条件下，异种金属焊接接头在服役过程中经常出现早期失效。

8.3.3.2 厨刀焊接过程常见问题

厨刀焊接过程存在常见的两个问题：焊接气孔以及焊接裂纹。

A 焊接气孔

焊接气孔指气体在焊缝中形成的孔洞，是焊缝中常遇到的一种缺陷。气孔减少了焊缝有效的截面积，容易产生应力集中，破坏焊缝的致密性，使焊件失效。

焊接气孔按类型主要分为两种：

（1）由于焊接过程中金属固液溶解度的变化导致产生气孔，通常为氢气孔和氮气孔。

以氢气孔为例解释：氢气在固态铁的溶解度极低，不到 0.6L/100g。在焊接过程中，金属受热熔化从固态变成液态，氢气在液态铁的溶解度大幅上升，超过 32L/100g，翻了超过 50 倍，这时大气中的氢气跑进了熔池里面。但熔池要冷却凝固成为焊缝，开始凝固的区域溶解度又开始下降了，原本跑进去的氢气又要跑出来，如果氢气跑得不够快，被困在凝固的枝状结晶的交叉间隙中无法逸出（如下图），就残留在焊缝中形成焊接气孔，这就是焊接过程中由于氢气在金属固液状态溶解度不同导致氢气孔形成的原因。焊缝结晶与气孔的逸出如图 8-44 所示。

氮气孔和氢气孔的形成是同样的原理。但是通常认为出现氮气孔的情况较少，主要是不锈钢金属材料中有不少元素比如 Ti、B、V 有固氮作用，即使吸收了大量氮气进熔池都能形成新的化合物。

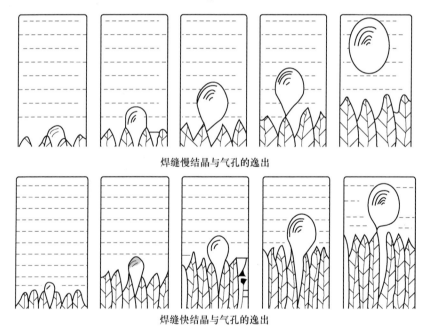

焊缝慢结晶与气孔的逸出

焊缝快结晶与气孔的逸出

图 8-44　焊缝结晶与气孔的逸出

（2）焊接过程中产生冶金反应中不溶于金属的气体，通常为一氧化碳（CO）。

焊缝残留一氧化碳气孔主因是焊接区域的油、铁锈、氧化皮没有去除干净，在焊接高温的状态下参与相关化学反应产生了一氧化碳（CO），一氧化碳气孔通常是长条密集分布的。

比如激光焊焊柄，如果柄没有清洗干净全是油，焊缝表面看起来没问题，但是一经打磨就很容易出现一条条密密麻麻的气孔，这就是典型的 CO 气孔。其产生的主要原因就是油污没有清理干净，焊接中产生的油烟也容易污染保护镜片，导致光的强度大幅变弱，而激光焊接焊缝冷凝速度相对氩弧焊极快，生成的一氧化碳还没有逃离即被凝固的焊缝包裹住。

因此，厨刀焊接前一定要将焊接区域的表面清理干净，这也是通常金属焊接前的基本要求。

B　焊接裂纹

五金刀剪常用的焊接材料基本属于难焊材料，且五金刀剪常用的焊接形式基本属于异种焊接，异种焊接焊接区成分、组织形态复杂混乱、物理性能各区域不均衡，容易出现各种问题，其中最危险的一种就是接下来介绍的焊接裂纹，容易引发刀柄断裂的问题。

焊接裂纹主要有两种：焊接热裂纹与冷裂纹。

焊接热裂纹主要有凝固裂纹、多边化裂纹、液化裂纹、失塑裂纹，热裂纹通常是在焊缝中心呈纵向开裂。热裂纹与杂质（磷 P、硫 S）含量有很大关系。焊接热裂纹如图 8-45 所示。

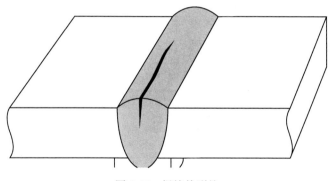

图 8-45　焊接热裂纹

焊接冷裂纹主要有三种：（1）淬硬脆化裂纹；（2）延迟裂纹；（3）低塑性脆化裂纹。

淬硬脆化裂纹：通常出现在淬硬倾向大的钢材中，而厨刀通常使用的马氏体不锈钢就是明显的淬硬倾向大的钢材之一。所以在焊接应力的作用下产生裂纹的风险很高。

延迟裂纹：焊接延迟裂纹出现时间不一定，可能几个小时，几天，十几天甚至一年后才出现，主要影响因素是淬硬组织、氢、焊接应力。扩散氢是延迟裂纹的主要因素，焊缝含氢量越高，延迟裂纹的敏感性越大。

低塑性脆化裂纹：此种冷裂纹主要与钢材本身的塑性相关。若钢材本身的塑性较低，就由于收到焊接应力影响产生低塑性脆化裂纹。焊接冷裂纹如图 8-46 所示。

图 8-46　焊接冷裂纹

　　一旦产生焊接裂纹，裂纹在应力作用下会快速扩展最终使刀的断裂风险急剧增加。针对冷裂纹：控氢，必须做好去应力措施；监控测试材料的塑性并建议选用塑性高的材料。针对热裂纹：控制材料的杂质含量。

8.3.3.3　厨刀焊接接头质量评定

　　焊接接头是指两个或两个以上零件焊接组合的接点，或指两个或两个以上零件用焊接方法连接的接头，包括焊缝、熔合区和热影响区[4]。

　　A　焊接接头评级

　　焊接接头的等级，由设计部分根据接头受力情况、重要程度、材料和工艺特点进行划分[5]。

　　一级：承受很大的静载荷、动载荷或交变载荷，接头的破坏会危及人员生命安全。

　　二级：承受较大的静载荷、动载荷或交变载荷，接头的破坏会导致系统失效，但不危及人员安全。

　　三级：承受较小的静载荷或动载荷的一般接头。

　　结合刀剪行业焊接接头形式，可将厨刀柄部焊接分为二级，刀条及其他部位的焊接分为三级。

　　B　焊缝外观检验

　　刀剪行业焊接外观要求：目视无明显偏左/偏右，焊缝饱满平顺，无开裂、无熔穿、无咬边、未熔合。图 8-47 所示为厨刀刀柄的焊接过程示意图。

　　厨刀焊接后还需要进行磨削加工，焊缝的饱满、平直、平顺对后工序加工至关重要。手工与机加工不同，对焊缝成型的要求不同。

图 8-47　厨刀刀柄焊接过程示意图

参 考 文 献

［1］https://baike. so. com/doc/5339570-5575012. html.

［2］https://baike. so. com/doc/4254029-4456455. html.

［3］http://www. 360doc. com/content/18/0509/08/28508086_752354394. shtml.

［4］https://baike. so. com/doc/5906431-6119333. html.

［5］https://www. taodocs. com/p-236533428. html.

9 国内外知名厨刀品牌

9.1 国内知名厨刀品牌

9.1.1 十八子作

阳江十八子集团有限公司创建于 1983 年，从手工生产碳钢菜刀发展成为现代化、机械化、规模化生产上千种规格的刀具产品，集科研炼钢、产、销、旅游为一体的综合大型品牌企业[1]，品牌标识如图 9-1 所示。

陽江十八子集团

图 9-1　十八子作商标

在集团公司发展过程中，经历了五大技术革命，奠定了阳江十八子集团有限公司为“中国菜刀中心”的龙头地位。十八子集团五次技术革命如图 9-2 所示。

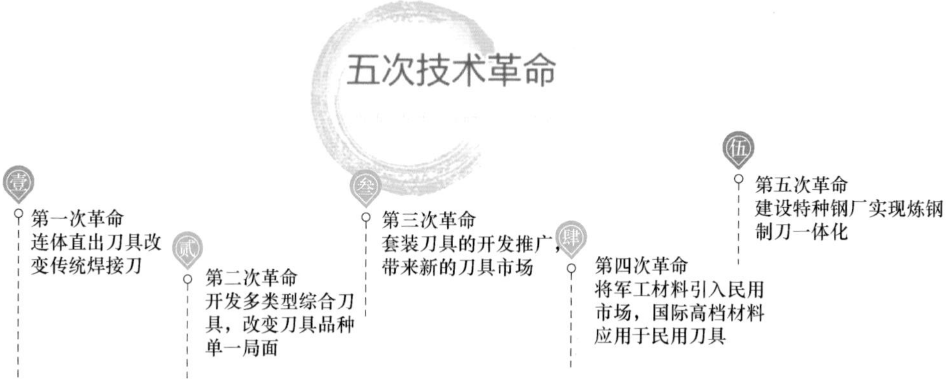
五次技术革命
壹
第一次革命
连体直出刀具改变传统焊接刀
贰
第二次革命
开发多类型综合刀具，改变刀具品种单一局面
叁
第三次革命
套装刀具的开发推广，带来新的刀具市场
肆
第四次革命
将军工材料引入民用市场，国际高档材料应用于民用刀具
伍
第五次革命
建设特种钢厂实现炼钢制刀一体化

图 9-2　十八子集团五次技术革命

第一次技术革命是 1993 年首次将传统焊接刀具改进为连体直出刀具，引发中国刀具业第一次革命。第二次技术革命是 1995 年参考当时日本、联邦德国刀具的特点，开发创新外观品种多样化的符合中国实际的日式多功能家用厨刀，引领刀具市场由单一产品拓展为多类型综合刀具市场。第三次技术革命是套装刀具的开发推广，借鉴国外经验，设计推出了倾注"人性化"理念、富有中国特色的通透式套装刀具系列产品。第四次技术革命是将军工材料 7Cr17Mo 及国际流行高级材料不锈钢复合钢转换为民用制造刀具。第五次技术革命是建设特种合金钢厂，瞄准国际高级刀具市场，炼钢、制刀、技术一体化。

十八子集团顺应全球化、市场化需求不断改革，充分利用社会资源优势，提升自己的品牌，打造国际知名品牌，与时俱进，不断发展壮大。目前，十八子作产品畅销全国各地及日、美、加、韩、东南亚等 30 多个国家和地区，公司主导产品"十八子作"被认定为"中国出口名牌""广东省著名商标""广东省名牌产品"。

集团公司通过工贸合作、经济互补的经营方式，使企业得到了飞速发展，受到有关部门的肯定和社会的认可。被国家科委、日用五金技术开发中心批准为"中国菜刀中心"，被国家旅游局评为"全国工业旅游示范点"，被广东省科技委员会、广东省经济贸易委员会、广东省计划委员会联合批准为"广东省五金刀具工程技术研究开发中心""广东省优秀高新技术企业""广东省省级企业技术中心""广东省连续二十一年重合同守信用单位"，阳江市"科技兴市十项工程实施单位"和"重点发展工业企业"等 300 多项荣誉称号和奖项。

十八子作主要产品按材料不同可分为 3Cr13 系列、4Cr13 系列、5Cr 系列、三合钢系列、V 金钢系列、山特维克钢系列及千层钢系列等产品。按用途可分为厨刀系列、剪刀系列、厨房小配件系列、菜刀护理系列和美容美甲工具等。

9.1.2 张小泉

张小泉品牌始创于明崇祯元年（1628 年），至今已有近 400 年历史[2]。品牌标识如图 9-3 所示。

图 9-3　张小泉商标

明朝万历年间，张思佳在徽州黟县开了一家剪刀店铺，号"张大隆"。1610 年前后，"张大隆"迁至杭州大井巷。为避冒牌，张小泉于 1628 年从其父手中接管店务之日，毅然将"张大隆"改成自己的名字"张小泉"。1663 年，张近高在"张小泉"三字下添加"近记"二字，以示正宗嫡传。1781 年，清乾隆皇帝责成浙江专为朝廷采办贡品的织造衙门进贡"张小泉近记"剪刀为宫中用剪，并御笔亲题"张小泉"三字，赐予张小泉近记剪刀铺。早在 20 世纪初，"张小泉"就走出国门，亮相世界，参加各类国际赛事，并取得骄人业绩。新中国成立后，特别是 1956 年 3 月毛泽东主席在《加快手工业的社会主义改造》工作汇报会上关于"提醒你们，手工业中许多好东西，不要搞掉了。王麻子、张小泉的刀剪一万年也不要搞掉。我们民族好的东西，搞掉了的，一定都要来一个恢复，而且要搞得更好一些"的讲话后，"张小泉"迅速崛起，最终成为我国刀剪行业的领军企业。2018 年，张小泉阳江刀剪智能制造中心项目落户阳江江城银铃科技产业园，项目用地面积 8.6 万平方米，总投资超过 3.5 亿元，项目投产后将实现年产超 3000 万件。目前，张小泉股份有限公司已成为一家集设计、研发、生产、销售、服务于一体的现代生活五金用品企业。

张小泉刀具系列采用德国进口优质钢材、山特维克钢材、日本 V 金系列钢材制造而成。张小泉大马士革刀具如图 9-4 所示，该刀具具有良好的组织致密性、锋利度和耐用度。

图 9-4　张小泉大马士革刀具

9.1.3　王麻子

王麻子品牌始创于 1651 年，至今已有近 400 年历史。清顺治八年，"王麻子刀剪铺"在北京宣武门外正式挂牌，锻造的刀剪乌黑油亮且利刃生辉，被百姓誉为"黑老虎"，从此声名鹊起，盛誉京城[3]。清乾隆年间潘荣陛所著《帝京岁时纪胜》中"皇都品汇"一节记述："帝京品物，擅天下以无双……王麻子，西铁锉三代钢针……"可以看出"王麻子"刀剪在当时早已名传清初。民国期间为了维护百年招牌"王麻子"，后人经过不断地传承和改进锻刀工艺，王麻子刀剪品质得以进一步提升。1959年，王麻子刀剪厂得以复兴，王麻子商标正式注册，其刀剪制品因锋利及品质卓越，名声得以再次振兴。1980年，王麻子发展势头迅猛，产品远销港澳及东南亚各国。2020年，王麻子全面升级品牌战略，明确了"百年厨刀专家"的品牌定位，以全新的形象耀世登场。王麻子品牌标识如图9-5所示。

图9-5　王麻子商标

以技艺承文化，以文化领万世风骚。"王麻子"刀剪锻制技艺被国务院列入国家级非物质文化遗产名录，是"中华老字号"品牌。凭借着出众的品质，改革开放以来，"王麻子"三次在同行业质量评比中获得全国最高奖。与此同时，王麻子也成为了当代家庭厨房必选刀具和优质生活的象征，铸就了国人心中的百年厨刀专家美誉。

王麻子主要产品包括厨刀系列、剪刀系列、瓜果刨/水果刀系列、磨刀器/磨刀石系列。厨刀系列如图9-6所示。其中，寅系列采用高碳复合钢制造，锋利性能更高，耐磨性更好；辰系列采用4Cr13制造，性能综合均衡，刀柄使用进口黄花梨木和430不锈钢装配；申系列采用3Cr13、4Cr13制造。

王麻子首选日本、德国进口钢材进行制造，在生产过程中采取1040℃高温锻造结合−196℃深冷冰锻技术；采取夹钢工艺，在保证刀刃有较高硬度的同时，刀身整体又有较高的韧性；产品锋利度达到国际锋利度测试ISO 8442-5：2004标准。

9.1.4　国产厨刀其他知名品牌

9.1.4.1　香港陈枝记

陈枝记老刀庄有限公司具有数十年制刀经验，历史悠久，世界知名，自置厂房精心研制各款大小刀剪利器，每件制品均由专业技师用高品质钢材锻打而成，确保品质优良、锋利耐用，符合专业厨师用刀要求[4]。香港陈枝记如图9-7所示。

图 9-6　王麻子厨刀系列

图 9-7　香港陈枝记

　　陈枝记老刀庄有限公司产品包括中式厨刀、中式厨具及西式厨刀。陈枝记中式厨刀如图 9-8 所示，该系列多由 201 不锈钢等材质制成，由于钢材硬度高，锻打平整难度高，故该品牌菜刀多保留原始的锻打痕迹。

图 9-8　陈枝记中式厨刀

9.1.4.2　台湾六协

六协工业股份有限公司是一家经营外销出口的制刀厂，1977 年成立至今已经超过 40 年的时间。品牌标识如图 9-9 所示。

图 9-9　六协商标

六协与德国三叉、德国双立人、瑞士鹰唛等世界知名厨刀品牌采用相同等级的 X45CrMoV15 钢来制造刀具，该钢中内含碳、铬、钼和钒等元素，经过热处理。刀刃切削及细致研磨等多道工序所制成的厨刀，硬度可达 56 HRC 以上，同时具有耐磨损、防锈抗腐蚀等优点。六协制刀流程如图 9-10 所示[5]。

1 刀刃成型 ＞ **2** 热处理 ＞ **3** 刀刃切削 ＞ **4** 表面细致 ＞ **5** 印制商标 ＞ **6** 表面清洗

＞ **7** 手柄配装 ＞ **8** 手柄研磨 ＞ **9** 刀口开利 ＞ **10** 擦拭品检 ＞ **11** 包装完成

图 9-10　制刀流程

六协主要产品有西厨系列（图 9-11）、中厨系列、日厨系列、食品/肉品加工系列、HACCP 系列及辅助器具/配件系列。六协拥有优秀的研发团队，从刀型、手柄设计、制作模具到产品完成，都可以精确地用最短的时间完成。其产品还可以根据市场及客户需求做出调整。

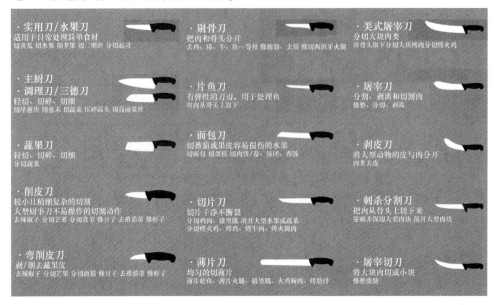

图 9-11　六协西厨系列分类

9.1.4.3　邓家刀

邓家刀是重庆邓氏厨具制造有限公司旗下品牌。重庆邓氏厨具制造有限公司是一家专业生产各类传统手工锻打刀具的企业，起源于 19 世纪 20 年代初。现有标准化厂房 6000 余平方米，注册商标"邓家刀"，其传统手工锻打刀具历经百年锤炼，四代传承，以高超的锻打技术和精湛的手工制作工艺赢得了国内外客商的好评[6]。品牌标识如图 9-12 所示。

图 9-12　邓家刀商标

近年来，公司不断改革创新，将传统手工锻打工艺与现代技术相结合，引进了先进的平面磨削设备和技术，采用菜刀专用电脑汽动化控温热处理淬火及先进回火技术，研发出一系列国家发明、实用新型专利刀：锻打夹层刀、锻打合金刀、国内高档厨师刀及高档礼品家用刀。其中"锻打夹层刀""锻打合金刀"载入重庆市重点新产品目录并荣获"重庆市著名商标""重庆名牌产品"，"邓家刀"商标被认定为重庆市老字号。

邓家刀主要产品有砍骨刀、厨师刀、合金刀、多用刀、碳钢刀、切片刀、斩骨刀等。所用钢材主要为 4Cr13、5Cr15MoV、7Cr17、9Cr18MoV 等。邓家刀采用传统锻打技艺，所生产的产品背厚、口薄、锋利、省力、耐磨。

9.1.4.4　美珑美利

广东美珑美利集团创立于 1997 年，是国内较大的厨房用品生产销售一体化企业之一。集团旗下拥有 4 家子公司、1 家配套公司，员工近 2000 人，刀具产品销售覆盖全球 50 多个国家。

经过 20 年欧美知名国际品牌代工的经验积累，美珑美利成功掌握了行业先进的厨具用品制造工艺和检测标准，具有一定的研发能力，创立了独立自主的产品研发中心，可为全球国际品牌提供全套产品解决方案[7]。

集团于 2009 年创立自主品牌——美珑美利 Millenarie（图 9-13），品牌以创新的设计理念，整合全球工业设计智慧，独立研发产品超过 200 款，累计获得国家专利超过 100 项，并先后获得德国 IF 工业设计大奖、中国创新设计红星奖最具创意奖、中国好设计奖等国际重量级奖项。

图 9-13　美珑美利商标

美珑美利产品主要有匠心系列、羽系列及锋炫系列，产品种类繁多，如图 9-14 所示。

美珑美利产品采用德国克虏伯钢，该钢种铸造的刀具硬度和韧性较为均衡。钢材在真空环境下经过 1040℃ 高温与−200℃ 低温处理，材料结构更加紧密稳定，同时采用柳叶三重开刃技术，使得刀刃单边角度低至 10°，阻力趋零，锋利更出众。

美珑美利坚守"厨房升级"的战略理念，坚持不断地进行产品设计升级、工艺技术升级、管理升级和品牌升级，通过创新为消费者提供科学艺术的产品，推动行业和中国家庭厨房生活的升级，并不断以科学和艺术要求自己，打造行业

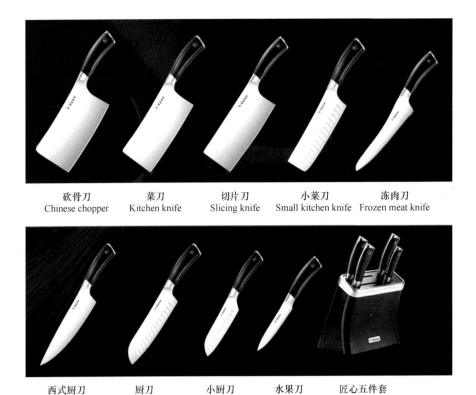

| 砍骨刀 | 菜刀 | 切片刀 | 小菜刀 | 冻肉刀 |
| Chinese chopper | Kitchen knife | Slicing knife | Small kitchen knife | Frozen meat knife |

| 西式厨刀 | 厨刀 | 小厨刀 | 水果刀 | 匠心五件套 |
| Chef's knife | Chinese knife | Chinese knife | Paring knife | |

图 9-14 美珑美利系列产品

最优质的产品，为每一个中国家庭提供舒适的厨房环境，带来健康、快乐、充满新意的现代化品质厨房生活。

9.1.4.5 拓牌

拓牌是广东拓必拓科技股份有限公司所生产的刀具产品，专注打造厨房刀具美学，为传统厨刀赋予设计美学[8]。品牌标识如图 9-15 所示。

拓牌刀具

TUOKNIFE

图 9-15 拓牌商标

2011 年，拓牌以自主设计研发为核心，成立厨刀科技研发中心。2012 年，品牌发布黑将菜刀。2013 年，海鸥系列雏形诞生。2014 年，品牌发布大马士革颂鹰系列。2015 年，第一把厨刀海鸥上市。2016 年，原创海鸥系列上市。2018年，原创银星系列上市。2019 年，原创流云系列、火鸟系列上市。2020 年，原创多边形厨刀套装上市。2021 年，拓牌提出"厨房刀具美学"定位。2022 年，品牌发布海鸥系列第二代。

广东拓必拓科技股份有限公司一直专注于研发、生产、销售专业厨房刀具，并与欧美、日本、中国台湾等地区多家知名品牌刀具进行合作，产品行销欧洲、美洲、日本等三十几个国家和地区，获得众多专业人士的青睐。

拓牌刀具产品包含大马士革颂鹰系列套装、海鸥系列套装、银星系列套装。拓牌刀具主要有砍骨刀、菜刀、三德刀、厨师刀、水果刀、万用刀等。产品均采用德国进口 1.4116 钢材打造，钢材碳含量 0.5%、铬含量 15%，具有防腐防锈能力强、硬度韧性高等特点，综合性能优于国产 5Cr 钢材。拓牌刀具严格按照原厂热处理手册标准进行热处理，并使用深冷处理使其硬度达到 HRC 56。拓牌砍骨刀如图 9-16 所示。

图 9-16　拓牌砍骨刀

9.1.4.6　南方兄弟

南方兄弟是阳江市南方兄弟实业有限公司旗下高档厨用刀具品牌，如图 9-17 所示。

图 9-17　南方兄弟商标

阳江市南方兄弟实业有限公司创建于 1992 年，是一家集研究、开发、生产、销售为一体，专业生产各种中高档厨用刀具的企业，产品主要销往欧美、中东等多个国家和地区。主营产品是厨房套刀，月产量达 500 万支刀，十多年来生产总量超过 11 亿支。公司是广东省高新技术企业、广东省民营科技企业、阳江市重点发展工业企业，公司注重新产品研制，坚持"质量创一流，品种求新颖"的经营理念，积极拓展海外市场，销售量逐年增长，规模不断壮大[9]。

从 2006 年起，南方兄弟实施经营战略转移，瞄准国际中高端消费市场，加大科技创新的投入，引进新技术新设备，对传统装备进行改造升级，致力于开发高品质、设计时尚、更加人性化的厨房刀具，取得显著的成绩。公司自主研制的大马士革钢系列刀具，以"创造刀具"的勇气，攻克了德国人认为中国人在造刀技术上完成不了的"冰火"处理高尖技术，以精湛的工艺、高雅的品味和时尚的款式，赢得了客户的青睐。

南方兄弟大马士革 VG10 钢是由 67 层特殊复合钢折叠锻打而成，其中含有钴元素，具有极好韧性的同时还拥有极强的硬度，更具抗锈性能，且密度比一般钢材大。钢材碳含量高、淬透性好，经淬火、回火、高温真空等热处理、零下百度冰煅处理等工序，硬度可达 HRC 60±2，具有非常高的锋利度和耐磨性，经久耐用且易于保养，是钢材之最优级别，用于制造优质刀具。南方兄弟 VG10 厨刀如图 9-18 所示。

图 9-18　南方兄弟 VG10 厨刀

VG10 系列刀身所呈现的迷幻花纹正是大马士革钢的天然花纹，再现了百年匠功的效果，由于 67 层 VG10 与不同硬度不锈钢材的复合才打造出如此艺术的视觉呈现。魔性的花纹简直是人工雕琢的自然之美，因动人的传说和自身的优异性能，大马士革钢制成的刀具成为刀具收藏界的极品。

9.1.4.7 龙之艺

龙之艺是永利刀具有限公司所属品牌，产品标识如图9-19所示。

图9-19　龙之艺商标

重庆市大足区永利刀具有限公司于1996年由铁匠铺发展为企业，是一家专注于刀具生产、设计的加工企业，产品设计理念源于刘氏祖传"蜀主八剑"之精髓，并将龙水刀与越王勾践的铸件工艺融入其中，从20世纪以来，就受到了大众的喜爱，经过"龙之艺"不断创新改善品质，其时尚典雅的外观，坚硬锋利、轻巧不生锈的刀具特点，赢得了市场认可，并受到了国内外经销商的首肯。

公司始终坚持在保留祖传传统工艺中持续创新，吸纳新工艺，严把质量关，全面进行服务跟踪，力求做出完美而高品质的刀具产品。龙之艺本着"追求、工艺、精湛、利益、品位"的发展理念，铸就了今日中国刀具好品牌，并获得消费者优良的口碑赞誉。

龙之艺以不锈钢系列厨具为主，其品牌产品在2010中国重庆国际五金博览会《名刀·pk赛》中荣获"优胜奖"，产品不仅深受我国广大用户喜爱，更远销至东盟、欧美等国。

龙之艺主要产品有菜刀、砍刀、套刀、水果刀及屠宰刀。龙之艺厨刀生产流程如图9-20所示[10]。

9.1.4.8 梁展时

创始人梁展时于1950年在香港开设刀厂生产"双剑牌"系列刀具。梁先生继承先祖累积数百年的制刀技术及经验，再加上他毕生钻研独特工艺，制造出锋利耐用的"双剑牌"系列刀具，其商标如图9-21所示。

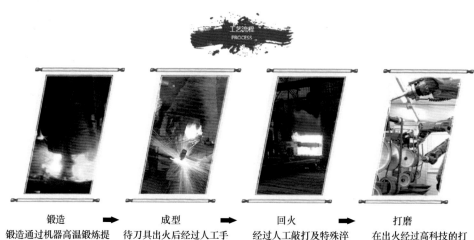

工艺流程
PROCESS

锻造	成型	回火	打磨
锻造通过机器高温锻炼提取钢水，精纯钢水于4Cr13融合使刀身材质更加精纯	待刀具出火后经过人工手动敲打，使之硬度加强，延展性，敲打成型后，经过特殊的淬火工艺	经过人工敲打及特殊淬火工艺后，让莱刀再次随炉回火，使原材料更能溶于刀内，使刀锋利、耐锈、坚固、牢实	在出火经过高科技的打磨抛光，使刀增加质感，使刀更加锋利，经全自动打磨机，淋浴恒温打磨保证产品硬度不受任何损伤

图 9-20　龙之艺厨刀生产流程

图 9-21　梁展时商标

　　中国改革开放初期，梁展时先生在广东佛山设厂生产"双剑牌"刀具，基于优良的刀具品质，"双剑牌"刀具誉满天下[11]。

　　梁展时刀具采用特有的制刀工艺。首先是高温滚火技术锻造的钢材：一把刀是否锋利，在其刃口，钢材的硬度决定了刃口能否持久锋利且有韧性。采用精湛高温滚火技术，将碳和钢熔合一起，锻成高碳钢材。锻造工艺使钢材密度高，具有良好的硬度、锋利度及韧性，有别于其他刀具生产工厂使用复合好的普通碳钢材料生产刀具，这就是香港梁展时刀具钢材独到之处。

　　其次是手工锻造工艺：将已锻炼成的高碳钢材高温加热至一定温度后，经多次手工锻打成刀坯，在锻打过程中，按人性化设计锻打刀身，使刀身重量分布符合人体工程学，刀尾与刀身一体锻打成型。

　　最后是手工造刀工艺：将锻打成型的刀坯经严格及精准热处理工序后，再经多次手工车磨及抛光成刀具，在车磨工艺上，其独到的优化刃口技术，使香港梁展时刀具游刃锋利，与众不同。

9.1.4.9 双狮

著名作家欧阳山在所著的小说《三家巷》中一开始就写到广州西门口有间"正岐利"铺子，主人公周炳父子在那里打铁。"正岐利"就是何正岐利成记刀庄，这并非是作者虚构，这个"正岐利"商铺是真的存在，并且其基业延续至今，其生产的刀具也就是今天的"双狮"牌厨用刀具。清嘉庆年间，广州手工业比较发达。1796 年，"岐利"字号的打铁铺在广州西门口城内附近设立，前店后炉，制造菜刀利器。由于手艺精良，造出的菜刀利器质量好，为顾客所乐用。为防假冒，"岐利"字号逐渐演变成"何正岐利成记"。民国初年恰逢实行商标注册，成记便以"双狮"图案登记，以与其他铺号区别开来。该铺号造出的"双狮"牌菜刀，别具特色：钢铁分明、钢正油润，切姜片不带丝，切肉片不粘刀，久切不卷口，为用家所公认。有些华侨回国，以能买到"双狮"牌菜刀带回去为乐事，其商标如图 9-22 所示。

图 9-22 双狮商标

据介绍，自 20 世纪 60 年代起，"双狮"牌刀具就不断进行多项技术改造，走在全国同行业的前列，产品也在不断增多。近年来，"双狮"还在应用新材料、新技术、新工艺上积极尝试，成功开发了高档西刀系列、家用套装刀系列、专业厨用刀系列产品。"双狮"牌菜刀、复合钢菜刀、不锈钢菜刀在多次评比中获得广东省第一名、广东省优质产品、广州市优质名牌产品等荣誉称号。"双狮"商标在 2002 年被认定为广州市著名商标，2004 年被认定为广东省著名商标。2006 年"双狮"牌刀具被评为中国刀剪知名品牌[12]。由于"双狮"牌刀具质量上乘，刀具品种齐全，故为国内外市场所欢迎，产品销往全国 20 多个省市，并远销东南亚各国、欧美等地。

9.1.4.10 邵铁匠

高密打制菜刀技艺已有 400 多年的历史，名扬江北，享誉关东，是名副其实的高密特产、高密老字号。追寻高密菜刀的鼻祖，就是高密十里堡常发刀具厂生产的"邵铁匠"牌菜刀。产品标识如图 9-23 所示[13]。

图 9-23　邵铁匠商标

"高密刀、高密镰，蹭蹭磨磨用三年；能切大能切小，一切切到海南岛；能切粗能切细，一切切到意大利"。四百年前，在"菜刀之乡"夏庄的河西、十里堡、仪家等村就有了打刀的刀匠，并出现了刀铺。这些村几乎人人都能打制菜刀，代代相传。

在工艺上，高密菜刀的祖传格言为：铜薄响，铁薄快。从选料、熟铁、批口、开槽夹钢、锻打，到熟火、开片、剪毛边、接信子、粗开刃、淬火、水磨刀、上把、包装等，要经过十几道工序。

高密菜刀传统制作技艺主要体现在夹钢、熟火和淬火三个方面。夹钢，是将钢用火烧熟锻打成筷子粗细，然后夹到铁里去锻打成毛坯；熟火，是将夹好钢的铁放到红炉里，烧到一定温度，使钢和铁熔和在一起；淬火，是将锻打好的刀烧红后瞬间放在水里，使刀变硬。这样做出的刀锋利耐用，甚至一把刀能用半辈子。

高密菜刀特点：传统菜刀一般身长 20cm 左右，宽 10cm 上下，背厚、身薄、刃锋。刀身宁轻勿重，以达顺手、轻便之效果。新型菜刀的特点：一是刀面光亮，二是非常锋利，三是滴水不沾，四是经久耐用。

邵铁匠秉承传统工艺，引进德国先进设备，不断开发新产品。现在主要生产以铬不锈钢刀、礼品刀具、黑白菜刀、肉类刀具、水产刀具为主 40 多个品种，已发展成为国内外均有销售的刀具生产专业厂。

随着人民生活的提高，对菜刀的要求也不仅仅满足于锋利，而是要将刀的美观卫生和实用性结合起来。为了把打刀这一特色产业做成优势产业，邵铁匠紧跟市场的发展步伐，精心钻研，不断创新，将传统工艺与现代技术相结合，采用高级磨刀机、开刃机、抛光机等现代化生产设备，生产出美观耐用的高铬钢刀具，既锋利又耐用。产品销往全国各地，大江南北，同时还出口欧美的一些国家。

9.1.4.11　捞刀河

捞刀河剪刀是湖南省有名的工艺小商品，产于长沙市捞刀河镇，早在明代就有生产"三刀"（剪刀、菜刀、剃刀）的作坊数百户，数百年沿袭不衰。当地所产剪刀采用"镶钢锻打"工艺，刃口锋利，不卷不崩，经久耐用，而且松紧适宜，开合和顺，品种繁多，造型美观，清初就小有名气。到新中国成立后，捞刀河剪刀更是声名鹊起。1953 年公私合营，捞刀河附近刀剪小作坊合并成立了长沙市捞刀河刀剪厂。1964 年，一场由上而下的全国产品质量检查大评比活动展开，捞刀河刀剪厂的剪刀、北京王麻子、杭州张小泉分列前三名。由此，捞刀河刀剪全国闻名。现今，捞刀河剪刀与北京王麻子、杭州张小泉并称"中国三大名剪"[14]。

自捞刀河刀剪厂国企改制以后，捞刀河的老字号品牌（图 9-24）终于在 2020 年完成品牌升级，由湖南捞刀河偃月刀剪制造有限公司策划研发的捞刀河青龙、偃月系列厨具全新上市。现代工艺融合古法锻造，力创行业先锋，让厨房生活成为艺术殿堂，让湖南的捞刀河刀剪发扬光大。捞刀河刀剪生产技艺已列入湖南省非物质文化遗产，捞刀河刀剪在新品研发中秉承传统技艺古法锻造，致力于打造更高端的厨房用具。

图 9-24　捞刀河

捞刀河刀剪制作技艺历史悠久，至今已延绵五百余年，是传统手工业和半机械制造相结合的典型代表，主要材料是 Q235 普通碳素钢，45 号、60 号、65 号优质碳素钢，包括红锻、冷作、热处理、装配等，整个生产过程有 30 多道工序。剪刀钢铁分明，刀口锋利，钢火纯正，开合轻松平衡，刀口平直，头齐梢平，剪布锋利，剪体相称。菜刀刀口锋利，刀面平正、光洁，刀把光滑、端正。

9.1.4.12　英吉沙

英吉沙县生产工艺佩刀的历史有近五百年，英吉沙小刀是以原产地英吉沙县命名的，其以精美的造型、秀丽的纹饰和锋利的刃口而崭露头角。英吉沙小刀是中国少数民族三大名刀之一，与保安族的保安腰刀、云南阿昌族的户撒刀齐名，典型的英吉沙小刀如图 9-25 所示[15]。

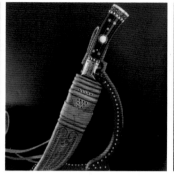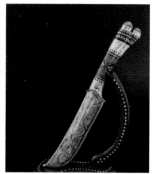

图 9-25　英吉沙小刀示意图

英吉沙小刀选用优质弹簧钢板锻打，一般长十几二十厘米，最大的达半米以上，最小的仅两寸左右。它们造型各异，如月牙、鱼腹、凤尾、雄鹰、红嘴山鸦、百灵鸟头，无论何种式样，做工都非常精细，外观赏心悦目。英吉沙小刀的传统造型，为人们所公认者有弯式、直式、箭式、鸽式等 12 个品种、30 多个花色。其中又以民族欣赏习惯的不同，分别有维吾尔、哈萨克、蒙古、汉、藏等不同形式。每个花色多有大、中、小三个不同规格。英吉沙小刀既是人们日常的生活用品，又是具有较高观赏价值的工艺品。刀把有角质的、铜质的、银质的和玉质的，非常讲究。无论哪一种刀把，英吉沙的工匠们都要在上面镶嵌上色彩鲜明的图案花纹，有的甚至用宝石来点缀，玲珑华贵，令人爱不释手。英吉沙的小刀历史悠久，选料精良，做工考究，造型纹饰美观秀丽，是很好的馈赠佳品或珍藏品。

9.2　日式厨刀知名品牌

9.2.1　正本

正本厨刀创立于明治 7 年（1874 年），日本国内有句俗语：西有有次，东有正本。可以说正本的名气之大，凡是职业寿司师傅无人不知无人不晓。正本创业当初，正值"废刀令"盛行的时候。当时，民众和武士阶层被禁止带刀，迫使全日本的传统刀具作坊纷纷从武士刀转攻菜刀[16]。正本抓住了这个机会，一举发展成为日本的顶级品牌。品牌标志如图 9-26 所示。

正本的"和庖丁"在世界上非常著名，即使作为制作西餐时所使用的洋庖丁也被称赞为"Best in show（最棒的刀）"，也是最受日本厨师认可的刀。曾在美食杂志评估分类中得到最高级的 No. 1 的评价。一把上好的正本寿司刀要 2000

图 9-26　正本厨刀品牌标志

美元以上。

　　由于日本惯有的"传长不传幼"的规矩，长男继承家业，称为"宗家"，而次男等就没有继承资格，要么跟着长男干，要么自己创品牌，称为"分家"。正本传至第三代时，长子继承了"正本"袭名，而次子则继承了正本原来在筑地的店铺，独立创立了"筑地正本"株式会社。从这个时候开始，正本分成两家——"正本総本店"和"筑地正本店"。二者不是总店和分店的关系，而是完全独立的两家店。相比之下"正本総本店"更值得推荐，市面上 80% 的正本产品基本都出自这家，正本的"本霞·玉白钢"和"本烧·玉白钢诎"系列，是最多日本名厨师采用的品牌。正本品牌代表厨刀"本烧·玉白钢诎"如图 9-27 所示。

图 9-27　正本本烧·玉白钢诎

9.2.2　有次

　　有次诞生于 1560 年，是日本最古老的刀具品牌。与「正本」发展历程差不多，有次也有两间各自独立的店——京都有次店和东京有次店，京都本店在锦市场里，东京有次店在筑地市场，也叫筑地有次店。与「正本」不同的是，两家有次店用同一个名号，没有区分[17]。有次品牌标志如图 9-28 所示。

图 9-28　有次厨刀品牌标志

有次菜刀多用钢材制造，清爽的手感是它的魅力所在，在专业厨师中非常受欢迎。美中不足的是钢材容易生锈，不好保养。特殊工艺锻造的"平常一品"厨刀，适合家庭用，将钢材部分用不锈钢覆盖，只露出刀刃，易于保养，同时又保留了钢材的锋利手感。有次品牌特制钢刀如图 9-29 所示。

图 9-29　有次特制钢刀

9.2.3　贝印

贝印（KAI）是国际上最著名的日本厨刀品牌，也是日本最大的刀具生产企业，创立于 1908 年。其发源地"日本刀都"关市作为日本机加工刀具之城，还是日本乃至全亚洲最大的刀具代工 OEM（Original Equipment Manufacturer，原始设备制造厂家）地区。贝印旗下传统厨刀品牌关孙六这个名字就与关市紧密相关[18]。

关孙六主要面向日本本土销售，相对低廉的价格可以买到 VG10 材质产品，性能达到了旬 Classic 系列水准，性价比高。在中国市场，关孙六有众多 SK 系列中式菜刀，材质多为 400 系列马氏体不锈钢。关孙六厨刀标志如图 9-30 所示。

旬是贝印面向欧美市场的高端品牌，在国内人气很高，多次获得 BLADEMAG 最佳厨刀奖。Classic 系列是旬的入门级产品，其中，DM-0706 主厨刀受到美国《消费者报告》的推荐，功能同样全面的 DM-0718 三德刀，是体验日式厨刀不错的选择。旬厨刀品牌标志如图 9-31 所示。

图 9-30 贝印旗下关孙六厨刀品牌标志

图 9-31 贝印旗下旬厨刀品牌标志

　　另外 Classic 系列也有中式厨刀产品，如 DM-0712。Classic、Premier 系列厨刀使用 16°手工开刃，相对 20°开刃的德系厨刀来说要锋利很多。另外，针对日式厨刀韧性低的问题，采用 33 层大马士革钢包裹核心的 VGMAX 钢材，在柔韧性和防锈上优化明显，但是仍不能用于切割硬物，不可用洗碗机清洗。更高端的选择还有 RESERVE、FUJI、TAIYO 系列，它们使用了 SG2 粉末钢材质，碳含量为 1.5%。其中 Reserve 系列切片刀洛氏硬度达到 64，而 FUJI 系列更是带有最顶尖的 161 层铜镍合金大马士革雨滴纹，除了颜值更高之外，切菜时完全不必担心粘连。尽管采用了大马士革钢，但磨刀和防锈仍然是日式厨刀的根源性问题，除了提升使用技巧，还需要花更多的时间来养护和磨刀，像贝印这样的日式厨刀一般适用于有一定经验的人群。若使用普通木质砧板会有木头渣，竹制砧板太硬又会伤刀，因此，建议日式厨刀搭配硬质硅胶砧板使用，硅胶砧板表面颗粒也有利于固定比较滑腻的食材。旬系列部分代表厨刀如图 9-32 所示。

9.2.4 日式厨刀其他知名品牌

9.2.4.1 YAXELL

　　日本关市是日本的刀具之都，位于日本群岛的中心地带，不仅具有炼制钢材的高质量铁矿、松木炭、淡水等自然资源，还有靠近两条主要河流的优势地理位

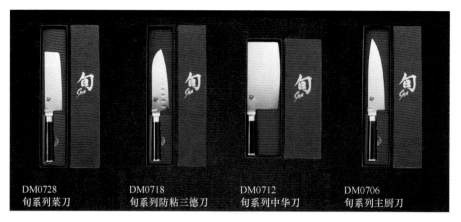

DM0728　　　　　DM0718　　　　　DM0712　　　　　DM0706
旬系列菜刀　　　旬系列防粘三德刀　　旬系列中华刀　　　旬系列主厨刀

图 9-32　贝印旬系列厨刀

置。对刀匠来说，关市是制造刀具的理想之地[19]。Yaxell 公司虽然历史并不悠久，规模也不算大，但在品牌林立、高手如云的刀具之都占有一席之地。从产品对比来看，和旬可以做到平分秋色，"关市制刀工艺集大成者"这句话用来定义 YAXELL 是最合适不过的了。YAXELL 厨刀品牌标志如图 9-33 所示。

Kitchen Knife & Tableware

图 9-33　YAXELL 厨刀品牌标志

YAXELL 无论从低端到高端的产品线，还是任何产品线的横向功能品类均很齐全。具有以下几个系列：从纹膳岚豪到超豪，分别对应普通 VG10 夹钢、37 层 VG10 夹钢、69 层 VG10 夹钢以及 101 层甚至 161 层 SG2 粉末钢夹钢，价格从便宜到贵，比"旬"略实惠，单从产品来看，完成度相当精美。YAXELL 各系列代表厨刀如图 9-34 所示。

9.2.4.2　堺孝行

关市是日本机加工刀具之城，堺市则是日本手工厨刀的心脏地区，这里供应了日本 80% 以上的职业料理人用刀。堺市拥有 600 年的手工厨刀制作历史，手工厨刀从业者一般在入行 30 年后才能接单，经过行业和政府双重审核认证，其手

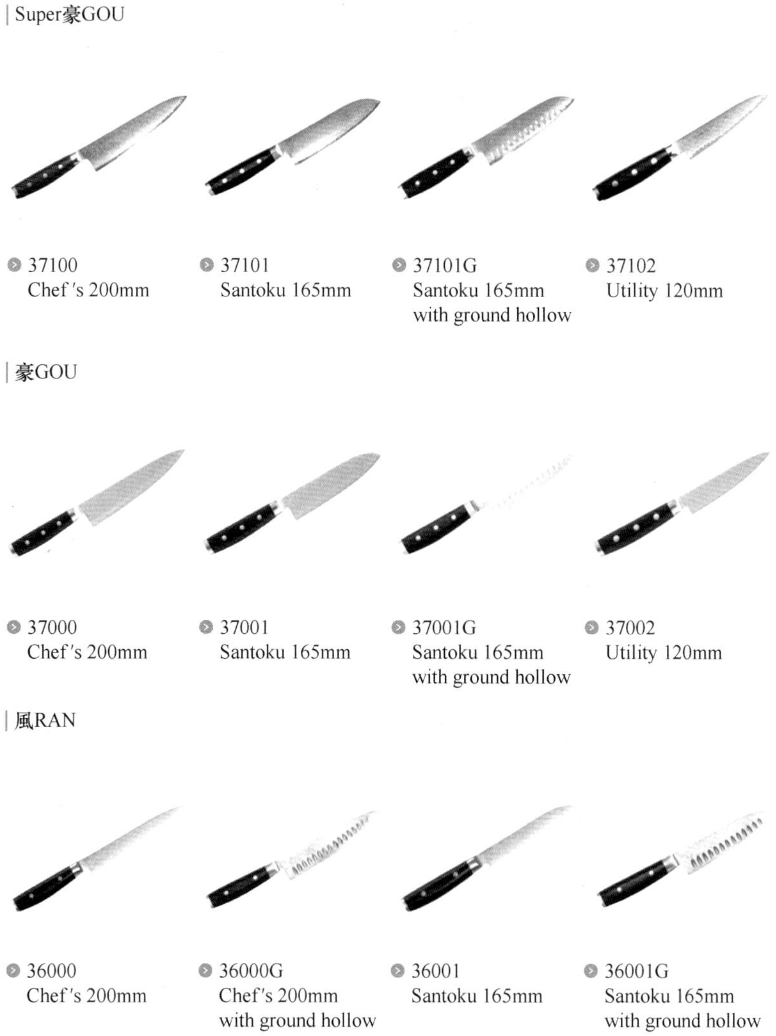

| Super豪GOU

37100
Chef's 200mm

37101
Santoku 165mm

37101G
Santoku 165mm
with ground hollow

37102
Utility 120mm

| 豪GOU

37000
Chef's 200mm

37001
Santoku 165mm

37001G
Santoku 165mm
with ground hollow

37002
Utility 120mm

| 風RAN

36000
Chef's 200mm

36000G
Chef's 200mm
with ground hollow

36001
Santoku 165mm

36001G
Santoku 165mm
with ground hollow

图 9-34　YAXELL 各系列厨刀

工厨刀品质处于全日本第一的地位。虽然堺孝行（青木刃物制作所）是一个比较新的品牌，但其整合了众多当地刀匠资源，将手工厨刀市场化，堺孝行就是堺市手工制刀水准的综合体现[20]。孝行厨刀品牌标志如图 9-35 所示。

　　相对日本老牌手工厨刀品牌正本和有次，堺孝行的刀具种类更加丰富和系统，其产品线除了传统的日式厨刀，还有丰富的西式厨刀和中式厨刀，价格也要低 20%~30%。其中使用 VG10 钢材的 180mm 三德刀，使用 33 层大马士革钢，售价在 700 元左右；匠心系列的"墨流"使用 SG2 粉末钢和 67 层大马士革钢，售价在 1200 元左右。在中高端刀具中，使用高碳钢的匠心樱系列价格明显高，

图 9-35　堺孝行厨刀品牌标志

如青 2 钢的牛刀价格在 2000 元左右，但需要及时保养防锈，基于这个问题其改良版则使用了日立金属的不锈高碳钢"银三钢"，售价在 2500 元左右，洛氏硬度为 HRC 60，不易生锈，相对来说更容易保养。图 9-36 所示为堺孝行代表厨刀。

图 9-36　堺孝行 VG10 钢大马士革纹和牛刀

堺孝行高碳钢手工刀刀身材质采用 VG-10 和粉末钢，切割性能表现优异，抗磨能力较差。堺孝行对于厨刀的热处理工艺一般是 800℃淬火（松木炭，刀身涂泥浆）+ 200℃回火（自然冷却），注重于温度的平稳变化，有助于提高厨刀组织的均匀性。

9.2.4.3　藤次郎（TOJIRO）

藤次郎是世界第一的复合材料刀具制造商，销量在日本排名前五，并出口全球 15 个国家和地区，多次获得日本以及国际大奖[21]。藤次郎最大的特色就是极其实惠的价格。藤次郎品牌标识如图 9-37 所示。

图 9-38 所示为藤次郎品牌代表厨刀。其中，日本原产 TOJIRO（藤次郎）全钢系列薄刃新中式菜刀 F-894，日本专业匠人手工开刃锻造，锋利度无差异，耐久性延长，采用钴合金"DP 法"（外层软钢、内层 VG10 硬钢，三明治结构熔接）以防止内部脱碳，使刀具强度高、韧性好、不易卷刃、耐腐蚀性好。

藤次郎也有着非常明显的缺点，例如树脂手柄接缝经常不密封、夹钢线高低不一等，但是它的刀型和手感都非常正统，锋利度很高，易于保养，性价比很高。很多新人在入手日本厨刀的时候会优先考虑藤次郎。

图 9-37　藤次郎厨刀品牌标志

日本TOJIRO (藤次郎)不锈钢富士登龙门　日本原产TOJIRO (藤次郎)全钢系列　日本原产TOJIRO藤次郎黑疾风
　菜刀FG-68褐色　　　　　　　　　薄刃F- 894银色　　　　　三德刀165mmFD-1597黑色

图 9-38　藤次郎 420J2 不锈钢刀与 VG10 薄刃刀

9.2.4.4　具良治（GLOBAL）

具良治为杰美思代理品牌之一。源于日本，始于 1985 年。其产品种类多达 100 多项，能够为烹饪提供适合各种功用的专业刀具。具良治刀具多次夺得 Good Design、Design Plus 等国际大奖。该品牌厨刀操作方便、舒适，满足了厨师们苛刻的要求，故而频频出现在电视烹饪节目著名大厨的手中，被享有极高声誉的高级厨师所钟情。世界各地加盟商已有 35 个，销售网涵盖 95 个国家，在国际成熟市场有着良好的销售业绩[22]。图 9-39 所示为具良治日式 13cm 方型刀。

图 9-39　具良治日式 13cm 方型刀

9.2.4.5 关兼常（KANETSUNE）

日本岐阜县关市自镰仓时期以来就以制刀闻名于世，日名刀匠关兼常即传承此一传统制刀技术及风格，复以自身苦习，融合传统现代之技术，制作了闻名世界之刀款，凡用刀或蒐刀之人莫不以拥有关兼常之刀为傲，凡是刀上有"关兼常作"就是品质与实用的保证。

钢材采用安来钢，安来钢自古就是制作武士刀的高级钢材，由日立金属股份有限公司的安来工厂研究生产，日本传统刀具都使用安来钢制作。出云地区的山川中富含一种高纯度的砂铁，叫作"真砂"，因水流和铁的比重不同，使砂铁矿沉甸于河流底部，这就是安来钢的原料（玉钢）。安来钢为制作日式刀具所用的碳素钢，分为白纸、黄纸、青纸等系列，这种分法是为了区分生产的梯次与顺序，用有色的贴纸贴在产品上以示区分。一般而言，安来钢各种钢材硬度相当，但特征不同。如白纸系列适合用来制造厨具用刀、小刀、剃须刀等产品，黄纸多被用于制造剪刀、锯子、农具等；青纸系列是含钨的高级钢材，主要应用于优质刀具，如猎熊刀、溪流刀、野外求生刀等。安来钢的硬度在HRC60以上[23]。特别是关兼常"锻炼狩猎"和"百炼狩人匠"系列刀，其作品造型优雅，刀刃极锋利，反复锻炼的刀片留有无数的锻纹，着重切割与劈砍能力。图9-40所示为关兼常某款厨刀。

图9-40　关兼常厨刀

关兼常造型优雅，刀刃由数层不同的钢材锻打而出，反复锻炼的刀片留有无数的锻纹，清晰可见。再经过数道手工研磨，刀口锋利异常，短小精悍，携带方便。

9.2.4.6 霞（KASUMI）

霞在关市诸多品牌中也许并没那么让大家感到熟悉，然而这个品牌却是关市联合刀具产业联盟的第一把交椅。创立于1917年，是日本手工厨刀的著名品牌，拥有 800 年制刀技艺。该公司的彩色钛厨刀在国际厨刀展会中屡获大奖，产品行销全球 30 余国，以做工精美、品质卓越在同行业中独树一帜，盛名远扬[24]。

霞最负盛名的大马士革系列产品由全日本刀工会常务理事/日本文化厅认定刀匠——名匠 25 代藤原兼房日本刀锻炼道场制造，这位 25 代藤原兼房是日本"人间国宝"级别刀匠月山贞一的亲传弟子，而且祖上据说是天皇的御用刀匠，同时 25 代藤原兼房也在 2005 年再次取得了天皇家守护刀剑的奉纳资格。其制造的大马士革系列均为手工镜面抛光，大马士革钢的纹路虽然肉眼可见，但用手抚摸没有凹凸的感觉。图 9-41 所示为霞品牌某款厨刀。

图 9-41　霞厨刀

大马士革系列使用 VG10 高碳不锈钢打造，它是专为刀具研发的。刀片硬度达到 HRC59~60；该硬度是专业厨房刀具的理想硬度，这使得霞 VG10 PRO 刀具刀片最锋利部位比其他刀具更耐用。手柄采用人造大理石（抗菌甲基丙烯酸树脂），手感好，易清洁，经久耐用。

9.3　西式厨刀知名品牌

9.3.1　双立人（ZWILLING）

双立人诞生于 1731 年，是世界上现存古老的商标之一。其起源于举世闻名的德国刀剑之城索林根（Solingen），近 300 年来以独特的刀具钢材配方及刀具工艺闻名，是全球厨用刀具的代表品牌。1731 年彼得以双人站立形象作为双立人企业徽标，经过 6 次调整才有了现在双人并排站立的样子，如图 9-42 所示[25]。

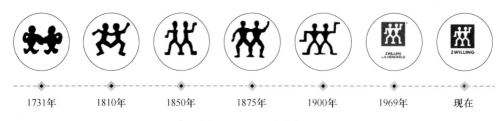

| 1731年 | 1810年 | 1850年 | 1875年 | 1900年 | 1969年 | 现在 |

图 9-42　双立人商标

除了位于"刀剑之城"德国索林根的刀具研发总部以外，双立人于比利时赫伦塔尔锅具厂设有不锈钢锅具研发中心，在日式刀具朝圣地日本关市设有日式刀具研究中心，在中国上海设有不锈钢刀具及锅具研发中心。1995 年，双立人刀具进入中国市场。相比其他德国本土厨具品牌，"双立人"似乎更看重海外市场，偏爱"墙内开花墙外香"。所以在中国"双立人"的传播名声较为广泛和响亮。目前，双立人已经在上海设厂，成立上海双立人亨克斯有限公司（中外合资），采用德国的工艺技术、材料（部分材料为德国进口）以及生产线，同时，认定国内其他企业作为双立人贴牌生产企业。

双立人厨刀材质采用马氏体不锈钢 X50CrMoV15，与国内的 50Cr15MoV 材质相当，热处理后硬度在 HRC57~58 左右。

9.3.2　三叉（Wüsthof）

德国三叉刀具是一家专业从事设计、制造精密锻造刀具的公司，成立于1814年，有两百多年的辉煌历史，家族 7 代相传。三叉的故乡正是历史悠久的刀具城镇德国索林根。如今三叉拥有 300 多种锻造刀具，同时还推出美容美甲系列产品，每一件产品都拥有三叉标志，这个标志象征着精美的外形、完备的功能以及良好的品质，三叉商标如图 9-43 所示[26]。

图 9-43　德国三叉商标

三叉始终坚持定位中高端，全部产品只在德国生产。锻造刀具系列选择高碳不锈钢材质，历经几十道生产工序，从锻造、打磨、抛光，直至开刃，每一步质量严格把关，洛氏硬度 58 淬火技术使之锋利与持久坚固兼备。如今，三叉更提出技术革新 PEtec 精锻开刃技术。PEtec 精锻开刃技术采用精密程序控制，由机器人精密打磨。避免传统手工打造，由于用力不均衡，导致刀刃呈现细小不规则的边缘，影响切割表现的问题。随着 PEtec 精锻开刃技术的提出，三叉刀具力求每把锻造刀具，从刀锋到刀膛，都表现出整齐划一的锋利度，锋利程度大幅度提高，锋利保持度更持久，保养更简单。图 9-44 所示为三叉刀具常见的厨刀刀型。

图 9-44　德国三叉厨刀刀型

9.3.3　CHICAGO-CUTLERY

CHICAGO-CUTLERY 是一家 1930 年成立于芝加哥的专业厨刀品牌，最初是一家迎合专业屠夫和包装厂的刀具调理服务公司。针对锋利刀具的需求增加，CHICAGO-CUTLERY 发展成为肉类和家禽业的刀具制造企业。1969 年，CHICAGO-CUTLERY 以专业餐具进入零售市场，为家庭使用提供满足专业刀具用户的严格要求而设计的刀具。CHICAGO-CUTLERY 厨刀的特点就是刀具锋利，价格便宜。现在 CHICAGO-CUTLERY 以其实用性和超级性价比已经成为美国家喻户晓的刀具品牌，其商标如图 9-45 所示[27]。

图 9-45　CHICAGO-CUTLERY 商标

CHICAGO-CUTLERY 厨刀刀型为典型的西式厨刀刀型，如图 9-46 所示。

图 9-46 CHICAGO-CUTLERY c01393 牛排刀

9.3.4 西式厨刀其他知名品牌

9.3.4.1 维氏（Victorinox）

维氏由卡尔·埃尔森纳（Karl Elsener）于 1884 年在瑞士施夫（Schwyz）州宜溪（Ibach）镇创立。他于 1891 年首次向瑞士军队供应军刀，在 1897 年，该公司继续深入开发瑞士军官刀和运动刀具（即如今大名鼎鼎的瑞士军刀）。经历四代人的发展，如今 Victorinox 已成长为一家全球化公司，其商标如图 9-47 所示。

图 9-47 维氏刀具商标

维氏刀具的材质一般选用高碳马氏体不锈钢，相较于厨刀，维氏军刀更加被人们广泛熟知[28]，图 9-48 所示为一款蓝色的维氏刀具，其材质为高碳不锈钢（12C27）。

维氏所制造的不单只是世界驰名的瑞士军刀，更是一种被人们广泛应用于旅游、登山、潜水、航模运动、修理自行车等日常生活中的"多功能工具"。除此之外，维氏业务还涵盖厨房刀具、腕表、旅行箱包等方面。

图 9-48 维氏刀具

9.3.4.2 福腾宝（WMF）

福腾宝（Württembergische Metallwarenfabrik AG，WMF）是一个以餐具、锅具、刀具等厨房用品闻名的品牌。它创立于 1853 年，来自德国南部符腾堡州的一个小镇盖斯林根。福腾宝是德国最著名的厨房餐桌用品品牌，以高品质和种类齐全著称，为消费者提供从准备，到烹饪、上菜、进餐、饮酒和咖啡，以及最后的储藏，一系列高质量和功能完美结合的产品，满足人们把餐饮当作一种享受的需求。在德国本土福腾宝已有 60% 的市场占有率，150 多家专卖店遍布德国主要城市的繁华商业街区。1880 年，福腾宝的 Logo 是只奔跑的鸵鸟，这是 Daniel Straub 的家族徽章。经过 5 次演变，形成如今的字母组合商标，如图 9-49 所示[29]。

图 9-49 福腾宝商标演变

福腾宝拥有德国最大的锻造刀具工厂。厨刀在开刃前，用激光检测刀刃角度，以达到更加准确的开刃角度。热处理过程中，将刀片放入专业热处理设备中，采用特殊工序反复加热及冷却，使刀片更加坚硬，达到持久锋利。福腾宝产品根据需要具有不同的刀型设计，一种典型的设计如图 9-50 所示。

9.3.4.3 司顿（STONE）

司顿标志诞生于距德国杜塞尔多夫东南 30km 的工业城市索林根。以创始人

图 9-50 福腾宝（WMF）厨刀刀型典型设计

刀匠 LEE STONE（英译）命名。一直以来，STONE（司顿）以传统磨制工艺和高新技术设备相结合的生产方法，在追求价值的同时，也注重严格选材和理想设计之间的平衡，使得价格充分合理，他的理想是：司顿要成为引领全球美容美甲工具高品质化的厂商，并使其产品组合化、生活化、欣赏化[30]。司顿产品分为五个系列，包括修甲美容系列、高端厨具系列、高端餐具系列、真空杯壶系列、军刀系列。诞生之初，STONE（司顿）就显示出强大的研发制造能力，被认为是德国乃至欧洲美甲工具及厨具五金产品的先行者，一直保持了领先于世界的精工水准，成为德国精湛五金工艺典范、极致生活品质与尽善尽美精神的经典象征。司顿的标志是以人类的祖先——古代猿人击石推动的动作为牵引，喻示人类社会的起源与推动力在于孜孜不倦地不断进取与进化，昭示从古典到现代的演变过程，标志所体现的重金属质感是经典的化身，是时尚与潮流的引导者，是专注小五金行业的执着证明，司顿永恒的创造力与生命力是经久不衰的，如图 9-51所示。

图 9-51 司顿商标

2002 年，司顿来到中国并设立中外合资工厂，生产供应亚洲市场的司顿五金产品，采用进口钢材和进口生产线，并在独立实验室进行一系列详尽的实验：破坏实验、腐蚀实验、持续负荷实验等，以确保产品质量和使用安全。

9.3.4.4 菲仕乐（Fissler）

德国菲仕乐是世界著名锅具及厨具制造厂商之一，同时也是世界上现存的古老的锅具品牌之一，其标识如图 9-52 所示[31]。

图 9-52 德国菲仕乐标识

公司及品牌于 1845 年创立，其总部位于德国宝石之城伊达尔–奥伯施泰因。其所有产品均通过欧洲认证标准。菲仕乐品牌刀具作为厨房配件，其刀型多为西氏厨刀，如图 9-53 所示。

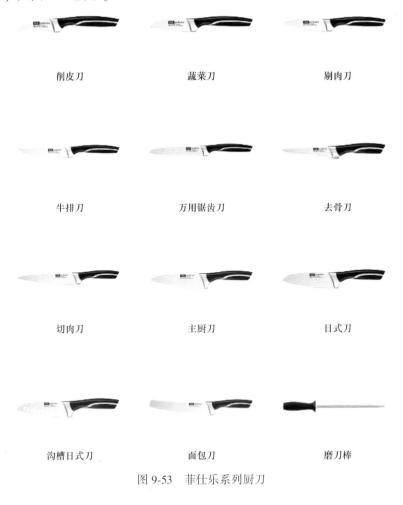

削皮刀	蔬菜刀	剔肉刀
牛排刀	万用锯齿刀	去骨刀
切肉刀	主厨刀	日式刀
沟槽日式刀	面包刀	磨刀棒

图 9-53 菲仕乐系列厨刀

9.3.4.5 Nesmuk

德国 Nesmuk 是德系厨房刀具中的另类，甚至可以说是任何厨房刀具中的另类。它是由 Lars Scheidler 创立的公司，诞生地是德国索林根，号称"蝙蝠刀"，其徽标是一只蝙蝠，如图 9-54 所示。

图 9-54　德国 Nesmuk 标识

Nesmuk 刀具所用大马士革钢由 Nesmuk 自己制造，刀具作为介于工艺与艺术之间的功能性产品，观赏性和价格均较高，一款典型的 Nesmuk 厨刀如图 9-55 所示[32]。

图 9-55　经典的德国 Nesmuk 厨刀

9.3.4.6 CUTCO[33]

CUTCO 是 1949 年建立的美国厨刀直销品牌，首先凭借大学生做推广销售。CUTCO 刀具用的钢材是 440A，碳含量在 0.60%~0.75%之间，铬含量在 16.00%~18.00%之间，具有较高的硬度。其商标如图 9-56 所示。

图 9-56　CUTCO 商标

9.3.4.7 DEXTER-RUSSELL[34]

DEXTER-RUSSELL 是美国最大的专业餐具制造商。亨利-哈灵顿于 1818 年 6 月 18 日在马萨诸塞州的南桥成立了美国第一家餐具公司——Harrington Cutlery 公司，约翰-拉塞尔于 1834 年 3 月 1 日成立了绿河工厂——John Russell Cutlery 公司，1933 年 5 月 1 日两家公司合并，形成了今日的 Dexter-Russell 公司，该公司商标如图 9-57 所示。

图 9-57　DEXTER-RUSSELL 商标

该公司刀具由美国 DEXSTEEL®制成，具有高的强度、耐用性和耐腐蚀性，且符合 NSF®国际标准。该公司刀型为典型西式刀型，如图 9-58 所示。

图 9-58　DEXTER-RUSSELL 厨师刀

参 考 文 献

［1］https：//baike. baidu. com/item/％E9％98％B3％E6％B1％9F％E5％8D％81％E5％85％AB％ E5％AD％90％E9％9B％86％E5％9B％A2％E6％9C％89％E9％99％90％E5％85％AC％E5％ 8F％B8/3951741.

［2］http：//www. zhangxiaoquan. cn/culture/about.

［3］https：//baike. baidu. com/item/％E7％8E％8B％E9％BA％BB％E5％AD％90/1090308.

［4］https：//baike. baidu. com/item/％E9％99％88％E6％9E％9D％E8％AE％B0％E8％80％81 E5％88％80％E5％BA％84％E6％9C％89％E9％99％90％E5％85％AC％E5％8F％B8/1862150.

［5］https：//www. atlanticchef. com/.

［6］https：//baike. baidu. com/item/％E9％82％93％E5％AE％B6％E5％88％80/7757408.

［7］http：//www. millenarie. com/.

［8］https：//baike. baidu. com/item/％E6％8B％93％E7％89％8C％E5％88％80％E5％85％B7/61073363.

［9］http：//www. nanfangbrothers. com/.

［10］https：//baike. baidu. com/item/％E5％A4％A7％E8％B6％B3％E5％8E％BF％E6％B0％B8％ E5％88％A9％E5％88％80％E5％85％B7％E5％8E％82/7279884.

［11］http：//www. liangzhanshi. com/about. asp.

［12］https：//www. sohu. com/a/198687776_635170.

［13］https：//www. sohu. com/a/160153463_781761.

［14］https：//baike. baidu. com/item/％E6％8D％9E％E5％88％80％E6％B2％B3％E5％89％AA％ E5％88％80/15521542.

［15］https：//baijiahao. baidu. com/s? id＝1718649774574466413.

［16］https：//m. sohu. com/n/490008676/.

［17］https：//zhuanlan. zhihu. com/p/55896582.

［18］http：//www. 5ppt. net/aricle. asp? id＝3546.

［19］https://baijiahao. baidu. com/s? id = 1600089509203353333.

［20］https://zhidao. baidu. com/question/1367634397084108419. html.

［21］http://www. tojirobuy. com/.

［22］https://baike. baidu. com/item/%E5%86%B6%E8%89%AF%E5%85%B7/10269893.

［23］https://baike. baidu. com/item/%E5%85%B3%E5%85%BC%E5%B8%B8.

［24］https://post. smzdm. com/p/429538/.

［25］https://www. zwilling. com. cn/brand-story.

［26］https://www. wusthof. com/en-cn/production.

［27］https://www. corellebrands. com/chicagocutlery/commercial/.

［28］https://baike. baidu. com/item/%E7%BB%B4%E6%B0%8F%E5%86%9B%E5%88%80/10900859.

［29］https://www. wmf. cn/brand. html.

［30］https://baike. baidu. com/item/%E5%8F%B8%E9%A1%BF/60693507.

［31］https://baike. baidu. com/item/%E8%8F%B2%E4%BB%95%E4%B9%90/7503801.

［32］https://www. nesmuk. com/en/pages/kochmesser-manufaktur.

［33］https://www. sohu. com/a/315176553_635170.

［34］https://dexter1818. com/.

后　记

　　做把刀很容易，相信不只是制刀的从业者能做出来，具备一定技术条件的机械制造从业人员，也可以做出具有切割功能的刀。但是，要真正做一把好刀，难！即使是做刀的从业者，要想从感知什么是好刀开始，然后通过识别选材、做刀的工艺过程控制刀的性能要求，使钢材的特性完全发挥出来，贡献给刀实现优异的性能，要全面掌握制刀工艺过程所涉及的技术和技能，就相当艰难了。

　　本人出生在广东阳江，父亲是一名从小就痴迷于制刀的技术工人，改革开放允许私营后，他立即开始自己成立刀厂，以实现按自己的想法来做刀。我毕业后跟随父亲学习做刀，很快就学会了，感觉做刀的技术并不难，认为制刀技术与其他先进的工业技术有很大差距，觉得做刀所需的技术含量较低。殊不知在后来的企业管理工作中，所遇到一些生产或是销售上的问题，在追寻这些问题不断深入思考时，方才知道做刀的学问涉及多个学科领域的知识，所需要应用的技术非常广泛。特别是深入探究钢材的技术知识时，才深刻感受到包含的知识面更大，所有基础的和前沿的钢铁技术对于做刀，都是有应用和借鉴价值的。由于涉及的知识太广，又没有专业的底子，如果仅从工作去学习，即便穷尽一生的精力也无法将钢铁材料技术掌握。

　　或许由于自己知道不知道的太多了，我就刻意留心去接触相关的工程师和专家教授。偶然机会，与李晶老师结缘，当知道他是北京科技大学的冶金专业教授时，心中既生狂喜而又小心谨慎地与其交流，但李晶老师没有一点架子，耐心地对我有问必详答。当他知道我们为做好刀而自己开设钢厂，把做刀的工艺控制前移到钢材制备过程时，表示很有兴趣要深入了解。就这样我们一拍即合，从此开展了十多年合作研究刀用钢材及其工艺技术。

随着研究项目的成果展现，我们阳江十八子对刀用钢材的技术认知不断提高。但作为制刀行业或是专业用刀的人，要想系统地了解刀具从钢材到制成刀的全过程技术知识，到目前为止还没有专门的著作和教材。因此，我们把长期积累的制刀工艺技术汇编成书，以方便更多有心想获取这方面技术知识的人们。

我们在着手编撰本书、整理提纲时发觉，想要收集进去的技术知识太多了，有很多跨学科的知识整理起来困难很大，几经酝酿，我们收窄了范围，或许将来有更充足的时间准备，有机会在本书再版时再进行补充。

对本书的编写，感谢阳江十八子集团参与的同事，更感谢李晶老师及其团队，为本书付梓所作出的努力。

李积回

2023 年 8 月